知りたい！サイエンス

齋藤勝裕 著

食物、医薬品、衣料品、はては電気器具に至るまで、日常生活は化学物質で支えられている。ビタミン、ミネラル、アミノ酸……消臭、殺菌、漂白剤……日ごろ気になるあの言葉を、化学の基礎理論に立脚しながら楽しく解説していく。

身近に化学はあふれている

気になる化学の基礎知識

技術評論社

はじめに

　本書はその題名のとおり、気になる化学の基礎知識をわかりやすい形でまとめたものである。辞書のように、関心のある項目を拾い読みして頂けば、きっとご満足のいく説明を手になさるものと確信する。

　食物、医薬品、衣料品、果ては電気器具に至るまで、日常生活は化学物質で支えられている。そればかりでなく、新聞、テレビに化学物質の名前が登場しないことはありえない。それほどまでに化学と化学物質は私たちの日常生活に溶け込んでいる。それでは私たちの化学に対する知識は？　と振り返ると、心もとなさを感じるのではなかろうか？

　本書は健康、高分子、危険物など、私たちが関心を持ちながら、そのハッキリした実体を掴みかねている問題を端的、簡明、平易に説明するものである。しかも、ただ単なる言い換え的な説明ではなく、化学の基礎理論に立脚した説明である。

　本書の特徴は、このような濃い内容を、平易な日常語とわかりやすく丁寧な図解によって、楽しく説明していることにある。本書によって読者の皆さんは、深く正確な知識を楽しく入手されることができるものと確信する。

　最後に、本書の出版になみなみならぬ努力を払ってくださった技術評論社の伊東健太郎氏、参考にさせて頂いた関連書の著者ならびに出版社に感謝する。

　平成20年4月7日

齋藤勝裕

目次

気になる化学の基礎知識

はじめに ………………………………………………………………………… 2
   COLUMN　本書を読むための基礎知識 ……………………………… 7

第1章 食品の化学

1.1	ブドウ糖とは何か ………………………………………	10
1.2	砂糖とは何か	12
1.3	デンプンとは何か ……………………………………	14
1.4	セルロースとは何か …………………………………	16
1.5	酒とは何か ……………………………………………	18
1.6	日本酒とは何か ………………………………………	20
1.7	焼酎とは何か …………………………………………	22
1.8	アミノ酸とは何か ……………………………………	24
1.9	タンパク質とは何か …………………………………	26
1.10	ビタミンとは何か ……………………………………	28
1.11	ミネラルとは何か ……………………………………	30
1.12	硬水・軟水とは何か …………………………………	32
1.13	調味料の種類 …………………………………………	34
1.14	化学調味料とは何か …………………………………	36
1.15	食品添加物とは何か …………………………………	38
1.16	合成甘味料とは何か …………………………………	40
1.17	着色剤とは何か ………………………………………	42
1.18	防腐剤とは何か ………………………………………	44
COLUMN 01	結合の種類	46

第2章 健康の化学

2.1	DHA・EPAとは何か …………………………………	48
2.2	コラーゲンとは何か …………………………………	50
2.3	ムコ多糖類とは何か …………………………………	52
2.4	キチン質とは何か ……………………………………	54
2.5	ヒアルロン酸とは何か ………………………………	56

2.6	ポリフェノールとは何か	58
2.7	コエンザイム Q10 とは何か	60
2.8	テルペンとは何か	62
2.9	スクアレンとは何か	64
2.10	活性酸素とは何か	66
2.11	抗酸化物質とは何か	68
COLUMN 02	光の種類	70

第3章 色・光・香の化学

3.1	花火とは何か	72
3.2	蛍光灯とは何か	74
3.3	化学発光とは何か	76
3.4	生物発光とは何か	78
3.5	ケイ光・リン光とは何か	80
3.6	有機 EL とは何か	82
3.7	色素とは何か	84
3.8	染料とは何か	86
3.9	ケイ光染料とは何か	88
3.10	塗料とは何か	90
3.11	うるしとは何か	92
3.12	香りと香料	94
3.13	アロマテラピーとは	96
3.14	消臭剤とは何か	98
COLUMN 03	置換基の種類	100

第4章 家庭薬剤の化学

4.1	洗剤とは何か	102
4.2	ドライクリーニングとは何か	104
4.3	漂白剤とは何か	106
4.4	シャンプー・リンスとは何か	108
4.5	殺菌剤・消毒剤とは何か	110
4.6	カビ取り剤とは何か	112
4.7	乾燥剤とは何か	114
4.8	脱酸素剤と窒素充填	116

4.9	消火剤とは何か	118
4.10	肥料とは何か	120
4.11	農薬の種類	122
4.12	ポストハーベスト農薬とは	124
COLUMN 04	反応の種類	126

第5章 高分子の化学

5.1	高分子とは何か	128
5.2	ゴムとは何か	130
5.3	ポリエチレンとは何か	132
5.4	発泡ポリスチレンとは何か	134
5.5	PETとは何か	136
5.6	有機ガラスとは何か	138
5.7	熱硬化性樹脂とは何か	140
5.8	接着剤とは何か	142
5.9	高吸水性高分子とは何か	144
5.10	合成繊維とは何か	146
5.11	ナイロンとは何か	148
COLUMN 05	元素の種類	150

第6章 環境・資源の化学

6.1	地球温暖化とは何か	152
6.2	二酸化炭素とは何か	154
6.3	オゾンとは何か	156
6.4	フロンとは何か	158
6.5	貴金属とは何か	160
6.6	希土類元素とは何か	162
6.7	アマルガムとは何か	164
6.8	ガラスとは何か	166
6.9	アモルファスとは何か	168
6.10	化学カイロとは何か	170
6.11	簡易冷却パックとは何か	172
COLUMN 06	金属の種類	174

第7章 ナノテクの化学

- 7.1 液晶とは何か … 176
- 7.2 液晶モニターとは何か … 178
- 7.3 半導体とは何か … 180
- 7.4 有機半導体とは何か … 182
- 7.5 太陽電池とは何か … 184
- 7.6 色素増感太陽電池とは何か … 186
- 7.7 乾電池とは何か … 188
- 7.8 蓄電池とは何か … 190
- 7.9 燃料電池とは何か … 192
- 7.10 水素吸蔵合金とは何か … 194
- COLUMN 07　電池の種類 … 196

第8章 危険物の化学

- 8.1 青酸カリとは何か … 198
- 8.2 ヒ素とは何か … 200
- 8.3 有害な重金属とは何か … 202
- 8.4 タリウム、ポロニウムとは何か … 204
- 8.5 フグ毒とは何か … 206
- 8.6 有機塩素化合物とは何か … 208
- 8.7 ダイオキシンとは何か … 210
- 8.8 PCBとは何か … 212
- 8.9 爆薬とは何か … 214
- 8.10 ニトログリセリンとは何か … 216
- 8.11 プラスチック爆弾とは何か … 218
- 8.12 液体爆弾とは何か … 220
- COLUMN 08　毒の種類 … 222

COLUMN 本書を読むための基礎知識

化学式と構造式

　分子を構成する原子の種類とその個数を表した式を分子式という。水の分子式はH_2Oである。ブドウ糖、果糖、ガラクトースの分子式は等しく、$C_6H_{12}O_6$である。また分子の構造を表す図（式）を構造式という。

　しかし下図に見るように、ブドウ糖、果糖、ガラクトースの構造は違っている。このように、分子式は等しいが構造式の異なるものを互いに異性体という。ブドウ糖のα型、β型、鎖状構造も異性体である。

　構造式の表し方には幾つかの方法がある。その典型的なものを次ページの表にまとめた。

　カラム1は原子をすべて元素記号で表したものである。しかしこれでは、大きな分子では図が込み合ってわかりにくくなる。カラム2は、CH_2単位で表したものである。

　最も多く用いられるのがカラム3である。この図には約束がある。すなわち、直線の両端および屈曲位には炭素がある。そして、各炭素には価標（結合手）の本数を満足するだけの水素がついて

α-D-グルコース
（ブドウ糖）

フルクトース
（果糖）

ガラクトース

COLUMN 本書を読むための基礎知識

いるとするのである。この構造式では、単結合、二重結合、三重結合はそれぞれ一重線、二重線、三重線で表す。

　分子を本体と付加物に分けて考えることもある。このように考えたとき、付加物に相当する部分を置換基という。置換基にはヒドロキシ基-OH、ホルミル基-CHO、カルボキシル基-COOH、アミノ基-NH_2 などがあり、それぞれをもった化合物を一般にアルコール、アルデヒド、カルボン酸、アミンという。

	カラム1	カラム2	カラム3
プロパン	H-C-C-C-H (with H's)	$CH_3-CH_2-CH_3$	⌒
プロペン	H₂C=CH-CH₃ structure	$H_2C=CH-CH_3$	⌒⃫
プロピン	H-C≡C-C-H (with H's)	$HC≡C-CH_3$	≡-
シクロプロパン	cyclic structure with H's	$H_2C\genfrac{}{}{0pt}{}{CH_2}{CH_2}$	△
ベンゼン	benzene with H's	benzene HC/CH	⬡

第1章
食品の化学

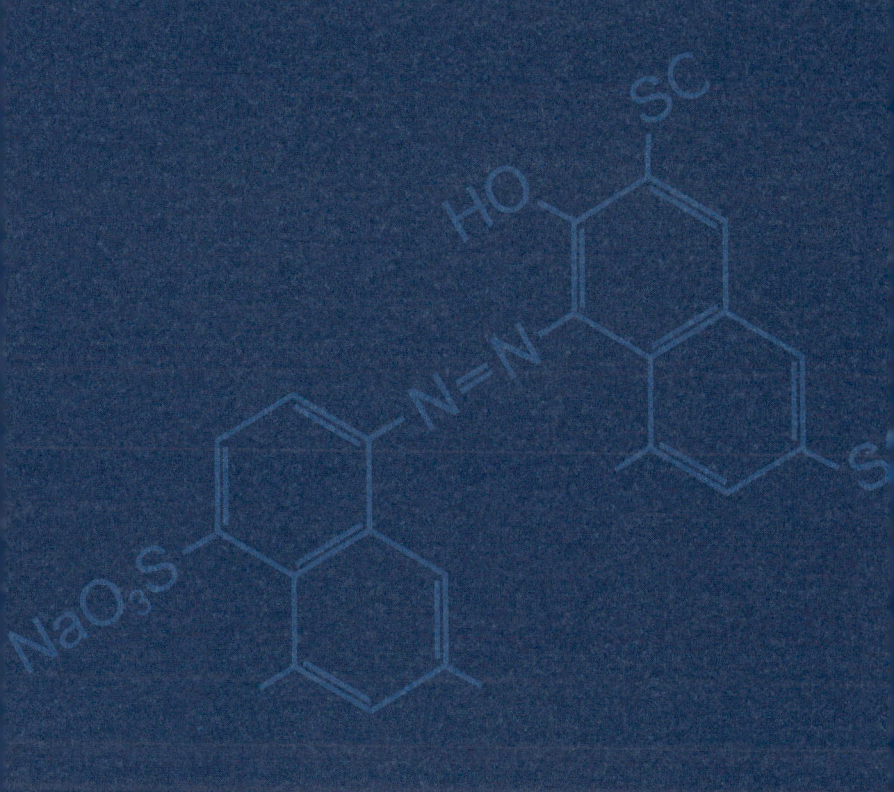

1.1 ブドウ糖とは何か

　デンプンに水を加えて「加水分解」すると、ブドウ糖（グルコース）になる（図 1.1a）。ブドウ糖は 6 個の炭素 C、12 個の水素 H、6 個の酸素 O からできており、分子式は $C_6H_{12}O_6$ となる。これを書き直すと $C_6(H_2O)_6$ となり、形式的に 6 個の炭素と 6 個の水 H_2O が結合した形になっている。そのため、「炭水化物」といわれることもある。

A. 糖類

　炭水化物は糖とも呼ばれ、「単糖類」「二糖類」「多糖類」に分類できる。単糖類が 2 個結合（脱水縮合）したものを二糖類、多数の単糖類が結合したものを多糖類という。

　単糖類には多くの種類があり、分子を構成する炭素の個数に応じて 5 炭糖、6 炭糖などと呼ばれる。6 炭糖にはブドウ糖、果糖（フルクトース）、ガラクトースなどがある（図 1.1b）。

　単糖類は瞬間的に環状構造になったり鎖状構造になったりしている。構造の違うものがこのような関係にあることを平衡という。ブドウ糖では環状構造になるときの置換基の配向により、$α$ 型と $β$ 型の 2 種類の環状構造ができる。したがって、ブドウ糖では鎖状、$α$ 型、$β$ 型の 3 種の構造の間で平衡になっている。（図 1.1c）。

B. 二糖類

　2 個の分子の間から水が取れて結合することを「脱水縮合」という。2 個の単糖類が脱水縮合したものを二糖類という。二糖類にはショ糖（スクロース、砂糖。ブドウ糖＋果糖）、麦芽糖（マルトース。ブドウ糖＋ブドウ糖）、乳糖（ラクトース。ブドウ糖＋ガラクトース）などがある。

図 1.1a 多糖類（6炭糖）の例

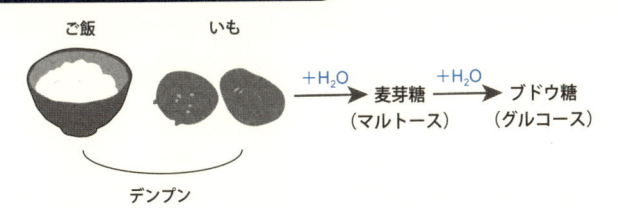

ご飯　いも

デンプン　$\xrightarrow{+H_2O}$　麦芽糖（マルトース）　$\xrightarrow{+H_2O}$　ブドウ糖（グルコース）

ご飯やいもの主成分はデンプンである。これに水を加えて加水分解すると麦芽糖を経てブドウ糖になる。この過程は私たちがそしゃくという名前で口中で行っている操作と同じことである。麦芽糖を発酵させるとビールやウイスキーなどとなる。

図 1.2b 多糖類（6炭糖）の例

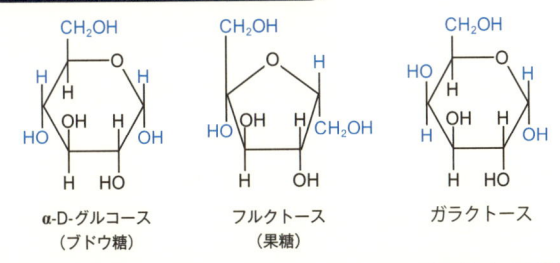

α-D-グルコース（ブドウ糖）　フルクトース（果糖）　ガラクトース

6個の炭素を含む糖を6炭糖という。ここに示したのは典型的な6単糖である。2個のブドウ糖が結合すると麦芽糖となる。また、ブドウ糖と果糖が結合すると砂糖となり、ブドウ糖とガラクトースが結合すると乳糖になる。

図 1.2c α型・β型グルコースと鎖状構造

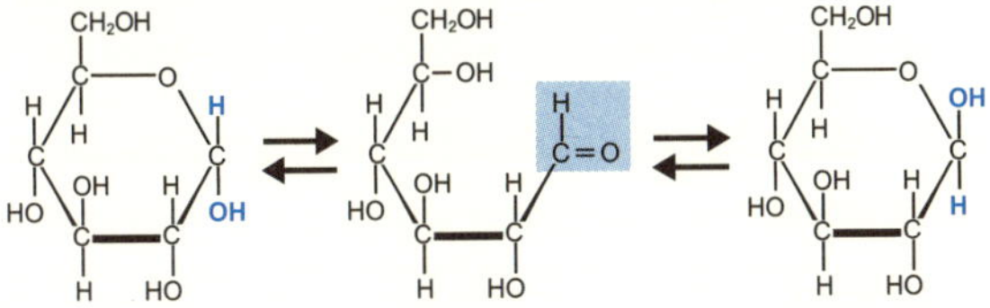

α-グルコース　⇌　鎖状構造　⇌　β-グルコース

環状構造、α型とβ型の違いは右側のOH基が上（β型）か下（α型）かの違いである。α型はある瞬間には環を開いて鎖状構造になり、次の瞬間には閉環してβ型となり、互いに変化しあっている。このような状態を平衡という。

1.2 砂糖とは何か

　2個の単糖類、ブドウ糖（グルコース）と果糖（フルクトース）が脱水縮合した二糖類をショ糖（スクロース）という。砂糖は食品としての名前であり、砂糖の主成分は「ショ糖」である。

A. 砂糖

　砂糖はサトウキビや砂糖大根（テンサイ）の絞り汁を濃縮してつくる。生成の程度により、不純物を含む黒砂糖からほぼ純粋品の氷砂糖までいろいろの種類がある。このほかに和菓子に用いられる「和三盆」（わさんぼん）といわれる高級品がある。これは純粋のショ糖ではなく、不純物を含む不純のショ糖である。しかし、その不純物が独特の旨みをかもし出しているものと思われる（図1.2a）。

　ショ糖には脱水作用があり、防腐作用がある。このため、砂糖漬けなどの保存食品をつくるのにも用いられる。ショ糖には「旋光性」があり、「偏光」を右回転させる性質がある。ショ糖を加水分解するとブドウ糖と果糖の等量混合物になる。この混合物も旋光性を持つが、偏光を回転させる方向は砂糖と反対で左方向である。このためこの混合物を「転化糖」という（図1.2b, c）。

B. 転化糖

　転化糖の成分である果糖とショ糖の甘みの和は砂糖よりも強い。このため、転化糖は当量のショ糖よりも甘いことになる。すなわち、同じ甘みを得るためなら、転化糖はショ糖よりも少ない量ですむことになり、結果的に摂取カロリーも少なくてすむ。このため、転化糖は省カロリーのダイエット食品の一種としてあつかわれることもある。また、転化糖は独特の味があり、保水力も砂糖より強くシットリとした感じになるため、お菓子づくりに使われたりもする。

図1.2a 砂糖の原材料

サトウキビ　テンサイ

- ●砂糖
- ● 黒砂糖
- ● グラニュー糖
- ● ザラメ砂糖
- ● 氷砂糖
- ● 和三盆

図1.2b 転化糖の組成

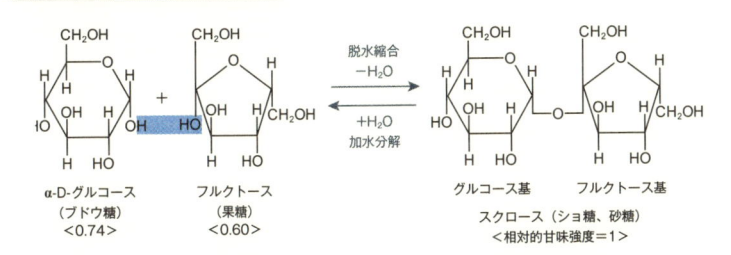

α-D-グルコース（ブドウ糖）<0.74>　＋　フルクトース（果糖）<0.60>　⇌（脱水縮合 $-H_2O$ ／ $+H_2O$ 加水分解）　スクロース（ショ糖、砂糖）<相対的甘味強度＝1>　グルコース基　フルクトース基

「相対的甘味強度」とは、砂糖の甘みを1としたときの甘みの相対強度である。果糖はブドウ糖と同じように、6員環、鎖状、5員環の3種類で平衡になっている。ショ糖をつくるときには5員環構造をとる。

図1.2c 転化糖と呼ばれる理由

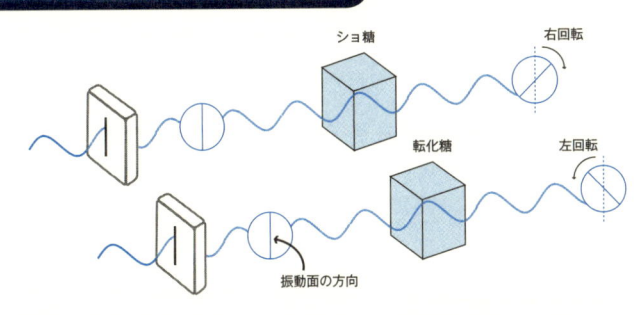

ショ糖　右回転
転化糖　左回転
振動面の方向

振動面の揃った偏光がショ糖溶液を通過すると、振動面が右回りに回転する。しかし、転化糖溶液では左回りになる。

1.3 デンプンとは何か

　デンプンは、植物が光合成によって二酸化炭素と水から合成するものであり、典型的な炭水化物である。多くの α 型ブドウ糖（グルコース）が脱水縮合したものであり、天然高分子の一種である。

A. 砂糖

　加水分解されると、グルコースのオリゴマー（数個ないし数十個が結合したもの）であるデキストリン、麦芽糖（二量体）を経てブドウ糖になる。タンパク質、油脂と並んで3大栄養素の一つである。

　デンプンには、直鎖構造の「アミロース」と分岐鎖構造の「アミロペクチン」がある（図 1.3a、b）。もち米に含まれるデンプンはすべてアミロペクチンであるが、うるち米は 20〜30％のアミロースを含む。

　アミロースはラセン形の構造をしている。アミロースの水溶液にヨウ素を加えるとヨウ素の分子がラセンの中に取り込まれ、青色を発色する。これを「ヨウ素デンプン反応」といい、ヨウ素分子あるいはデンプンの検出に用いられる。

B. α デンプンと β デンプン

　生のデンプンは「β デンプン」とよばれ、規則的な形をしているため、消化されにくい。しかし水を加えて加熱すると規則性が崩れ、消化されやすい「α デンプン」となる。α デンプンを水分を残したままで放置し冷却すると、β デンプンに戻る。餅を放置すると固くなり、食べられなくなるのがこの原理である。

　しかし、α デンプンから水を除くと、放置あるいは冷却しても α デンプンのままである。乾パンがいつまでも賞味できるのはこの原理である（図 1.3c）。

図1.3a アミロースの構造

α-グルコース（ブドウ糖）　マルトース（麦芽糖）

アミロースではブドウ糖鎖がラセン構造をしている。1個のループは6個のブドウ糖からできている。

図1.3b アミロースとアミロペクチン

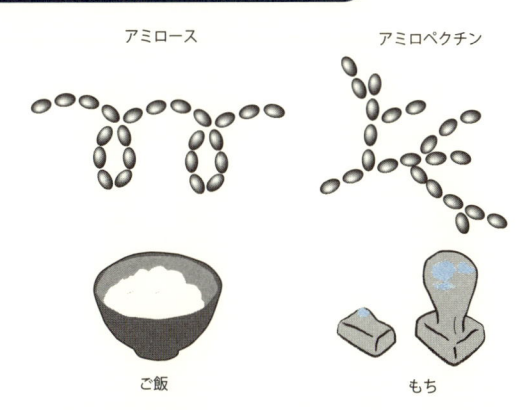

アミロース　　　アミロペクチン

ご飯　　　もち

アミロペクチンでは、ブドウ糖鎖がらせん状になっている。もち米のデンプンはほぼ100%がアミロペクチンでできているが、うるち米（普通の米）では2～30%のアミロースが含まれている。

図1.3c デンプンの脱水の意味

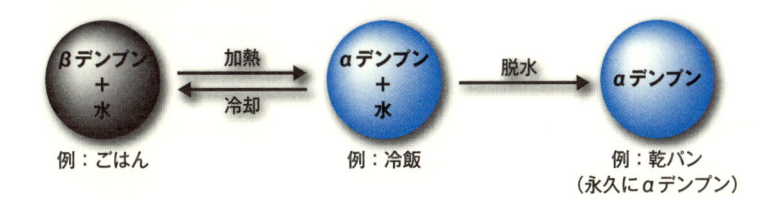

βデンプン＋水　—加熱／冷却→　αデンプン＋水　—脱水→　αデンプン

例：ごはん　　　例：冷飯　　　例：乾パン（永久にαデンプン）

1.4 セルロースとは何か

　セルロースは植物の細胞と細胞の間にある細胞壁の主成分であり、綿、麻など植物繊維および紙の主成分でもある。セルロースは、植物が光合成によって二酸化炭素と水から合成したブドウ糖（グルコース）が多数個、脱水縮合したものである（図1.4a、b）。

A. 成分

　セルロースと同様にデンプンもブドウ糖が脱水縮合したものである。両者の違いはブドウ糖の立体構造である。ブドウ糖には先にみたように鎖状構造と環状構造のα型とβ型ある。デンプンをつくるブドウ糖は「α型ブドウ糖」であり、セルロースをつくるのは「β型ブドウ糖」である。この相違のため、草食動物はセルロースを加水分解してブドウ糖とし、消化吸収できるが、人間はセルロースを加水分解できない。

B. 誘導体

　セルロースを硫酸と硝酸で処理すると、硝酸エステルである「ニトロセルロース」が得られる。ニトロセルロースは激しい燃焼性をもつので火薬に用いられ、またニトロセルロースと樟脳の混合物は「セルロイド」となる（図1.4c）。

　セルロイドは初期の合成樹脂の一種であり、かつて映画のフィルム、文房具などに多用されたが、その発火性の高さのため、現在ではほとんど用いられない。

　ニトロセルロースのエーテル溶液が「コロジオン」であり、エーテルが蒸発すると水に不溶の半透膜になるので傷口の被覆剤などに用いる。セルロースを無水酢酸で処理すると「アセチルセルロース」となり、合成繊維の一種であるアセテート繊維の原料となる。

図1.4a　セルロースはβグルコースの脱水結合物

β-グルコース

図1.4b　脱水縮合反応

R−O−H　H−O−R　$\xrightarrow{-H_2O}$　R−O−R
アルコール　アルコール　　　　　　　エーテル

R−C(=O)−OH　H−O−R　$\xrightarrow{-H_2O}$　R−C(=O)−O−R
カルボン酸　アルコール　　　　　　　エステル

2個の分子が水 H_2O を放出することによって結合する反応を脱水縮合という。2個のアルコールが脱水縮合するとエーテルになる。糖の縮合はこの形式である。また、カルボン酸とアルコールが脱水縮合するとエステルになる。

図1.4c　セルロースからの派生品

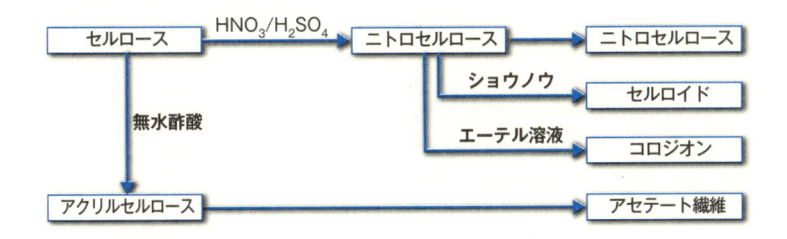

セルロース →[HNO_3/H_2SO_4]→ ニトロセルロース → ニトロセルロース
　　　　　　　　　　　　　　　　　→[ショウノウ]→ セルロイド
　　　　　　　　　　　　　　　　　→[エーテル溶液]→ コロジオン
セルロース →[無水酢酸]→ アクリルセルロース → アセテート繊維

1.5 酒とは何か

「酒」には多くの種類があるが、簡単にいえば「エタノールと水の混合物に少量の糖分や香味成分が混じったもの」である(図 1.5a)。

酒に含まれるエタノール量は「度数」で表されるが、これはエタノールの容量％、すなわち、酒 100mL に含まれるエタノールの mL 数である。ビールは 7 度、ワインは 10 〜 15 度、日本酒は 17 度、焼酎は 20 〜 40 度、ウイスキー、ブランデーは 45 度程度である(図 1.5b)。

A. 発酵

酒は、果実や穀物中の糖分を酵母菌でアルコール発酵させたものであり、糖分は多くの場合ブドウ糖(グルコース)である。しかしモンゴルの遊牧民がつくる馬乳酒は馬の乳汁から作り、馬乳に 7％ほど含まれる乳糖(ガラクトース)を発酵させたものである。

多くの酒は穀物を水分に溶いた溶液状態で発酵させるが、中国の国酒とされるマオタイチュウは、蒸したコウリャンをそのままの状態で発酵させる固体発酵でつくられる。このため、部分ごとに異なる発酵が行われ、味に複雑味が増すといわれる。発酵が進むと粥状になり、その状態で蒸留し貯蔵するものである。

B. 二日酔い

エタノールが体内に入ると、アルコール脱水素酵素によって脱水素(酸化)され、毒性が強く二日酔いの原因となる「アセトアルデヒド」になる。アセトアルデヒドは「アルデヒド脱水素酵素」によってさらに脱水素されて酢酸となり、最終的に二酸化炭素と水とエネルギーになる(図 1.5c)。しかしアルデヒド脱水素酵素が少ない人はアセトアルデヒドが何時までも体内に留まることになる。この酵素の多少は遺伝的なもので、両親が酒に弱い人は要注意である。

図1.5a　アルコール発酵

$$C_6H_{12}O_6 \xrightarrow[\text{アルコール発酵}]{\text{酵母菌}} 2CH_3CH_2\text{-}OH + 2CO_2$$

糖　　　　　　　　　　　　　　エタノール　　二酸化炭素

図1.5b　酒の度数とは？

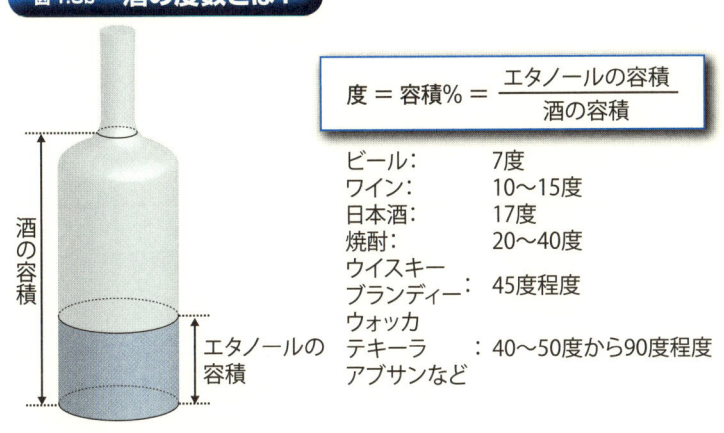

$$\text{度} = \text{容積\%} = \frac{\text{エタノールの容積}}{\text{酒の容積}}$$

ビール： 7度
ワイン： 10〜15度
日本酒： 17度
焼酎： 20〜40度
ウイスキー
ブランディー： 45度程度
ウォッカ
テキーラ ：40〜50度から90度程度
アブサンなど

酒の度数は酒に含まれるエタノールの容量%である。100mLの酒中に50mLのエタノールが含まれれば50度となる。

図1.5c　アセトアルデヒドの分解

$$CH_3CH_2\text{-}OH \xrightarrow{\text{アルコール脱水素酵素}} CH_3\text{-}\underset{H}{\overset{O}{C}} \xrightarrow{\text{アルデヒド脱水素酵素}} CH_3\text{-}\underset{OH}{\overset{O}{C}} \longrightarrow CO_2 + H_2O$$

エタノール　　　　　　アセトアルデヒド　　　　　　酢酸
　　　　　　　　　　　（毒性）

体内に入ったエタノールは、アルコール脱水素酵素によって脱水素（酸化）されてアセトアルデヒドになり、さらにアルデヒド脱水素酵素によって脱水素されて酢酸となる。酢酸はさらに酸化されて、最終的に水と二酸化炭素になる。

1.6 日本酒とは何か

　米を炊いた飯を原料にしてつくる酒が日本酒であり、アルコール度数は17度前後、蒸留しない酒（醸造酒）としては世界最高のアルコール含量を誇る。酒は飯に「麹菌」をつけて麹とし、デンプンをブドウ糖に分解する。これに「酵母菌」をつけてアルコール発酵させたものである。したがって、デンプンの分解とブドウ糖のアルコール発酵とを同時進行させるのである (図 1.6a)。

A. 種類

　日本酒の種類は非常に多い。まず三等米を使ったかどうかによって、「普通酒」と「特定銘柄酒」に分けられ、特定銘柄酒はさらに「本醸造酒」と「純米酒」に分けられる。米だけから作られるのは純米酒だけであり、他の酒には「醸造アルコール」が加えられている。「醸造アルコール」は米以外の穀物から作ったものであり、要するに普通酒と本醸造酒は米以外の穀物が原料に用いられている (図 1.6b)。

　「吟醸」は米の精白度合いを表わす尺度であり、精白度合い60％以下の米、要するに米の外側40％を捨てたものを用いた酒を「吟醸酒」、精白度合い50％以下の米（米の外側50％以上を捨てたもの）を用いた酒を「大吟醸」という。米の外側にはデンプン以外にタンパク質が含まれており、これが日本酒の味を濁すことになるという。

B. 甘口、辛口

　日本酒の味は「日本酒度」と「酸度」で分類される。日本酒度は甘口、辛口を判断するもので、比重で判定する。比重の大きいものをマイナスに計るので、マイナスに大きいものほど糖分が多く、甘いことになる。＋2前後が中口である。酸度は酒に含まれる酸の量であり、乳酸、コハク酸、クエン酸などの量を表すものである。

図 1.6a 日本酒の製法

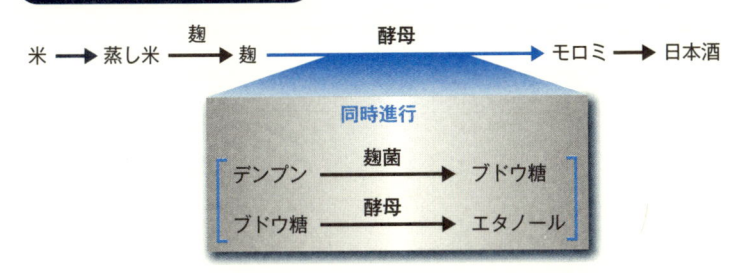

米 → 蒸し米 →(麹)→ 麹 →(酵母)→ モロミ → 日本酒

同時進行
- デンプン →(麹菌)→ ブドウ糖
- ブドウ糖 →(酵母)→ エタノール

米の主成分はデンプンである。ところが、アルコールをつくる酵母はブドウ糖にしか働かない。したがって、米から日本酒をつくるためには米のデンプンをブドウ糖に分解しなければならない。デンプンをブドウ糖に分解するのが麹菌である。
　このように日本酒の発酵はデンプン→ブドウ糖→エタノールというように2段階で行われるのである。

図 1.6b 日本酒の分類

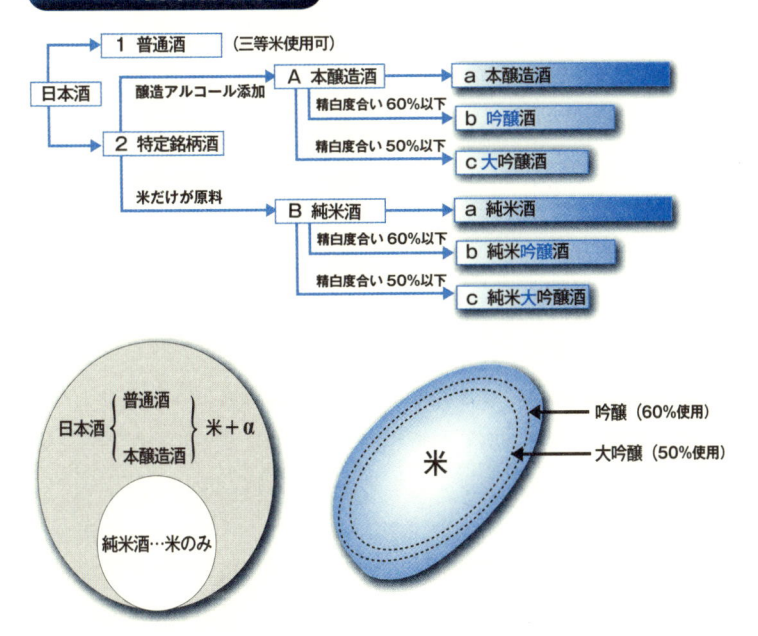

- 日本酒
  - 1 普通酒（三等米使用可）
  - 2 特定銘柄酒
    - 醸造アルコール添加 → A 本醸造
      - a 本醸造酒
      - 精白度合い60%以下 → b 吟醸酒
      - 精白度合い50%以下 → c 大吟醸酒
    - 米だけが原料 → B 純米酒
      - a 純米酒
      - 精白度合い60%以下 → b 純米吟醸酒
      - 精白度合い50%以下 → c 純米大吟醸酒

日本酒 { 普通酒 / 本醸造 } 米+α
純米酒…米のみ

米
- 吟醸（60%使用）
- 大吟醸（50%使用）

1.7 焼酎とは何か

　日本酒やワイン、ビールは、醸造によってできた酒をそのまま飲料に用いる醸造酒である。それにたいして焼酎は、ウィスキーやブランデーと同様に、醸造酒を蒸留してアルコール濃度を高めた蒸留酒である（図1.7a）。

A. ホワイトリカー

　芋などを原料とした醸造酒から作ったほぼ純粋なアルコール（醸造アルコール）を水で割ったものは「ホワイトリカー」などの名前で市販され、梅酒などリキュールの製造に用いられる。

　また、清酒を絞った後に残る酒粕（さけかす）に水を加えて1、2月発酵させた後に蒸留したものは「カストリ焼酎」といわれる。独特の焦臭がある。

B. 焼酎

　普通に焼酎といわれるのは、焼酎酵母を使って作った二次モロミを蒸留したものである。すなわち、米から作った麹と焼酎酵母菌から一次モロミを作り、これに各種原料を加えて発酵させて二次モロミを作り、それを蒸留したものである。ここで加えた原料によって芋焼酎、麦焼酎、蕎麦焼酎、など各種の焼酎ができる（図1.7b）。

　熊本県の球磨焼酎は、麹、二次原料すべてに玄米を用いたものであり、独特の濃厚な香りと味がある。沖縄の泡盛は一次モロミそのものを蒸留したものであり、原理的には清酒を蒸留したようなものである。長期の保存に耐え、数十年経ったものも珍しくない。

　江戸時代の粋人は、酒席で「ランビキ」という装置で日本酒を蒸留して客に供したというが、これも即席焼酎といえるものであろう。ランビキはオランダ語のalambiqueから出たものである（図1.7c）。

図1.7a 焼酎の製法

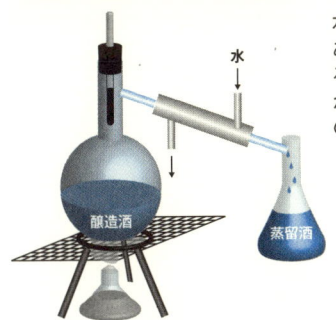

水の沸点は100℃であり、エタノールは78℃である。そのため、水とエタノールの混合物である醸造酒を加熱すると、沸点の低いエタノールがはじめに沸騰し、気化する。これを集めたものが焼酎になる。

図1.7b 焼酎の位置づけ

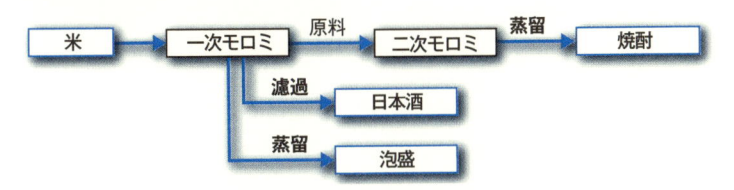

日本酒と泡盛は一次モロミからつくるが、焼酎は二次モロミを作ってそれを蒸留してつくる。

図1.7c ランビキのしくみ

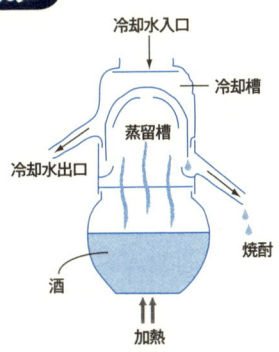

1.8 アミノ酸とは何か

　分子内にアミノ基 NH_2 とカルボキシル基 CO_2H をもつ分子をアミノ酸という。アミノ酸はタンパク質をつくる単位分子である。

A. 構造

　タンパク質を構成するアミノ酸は約20種類であり、そのうち8種は人間が自分でつくることができず、食物として摂取する以外ないので特に「必須アミノ酸」といわれる。アミノ酸の炭素には4つの異なる置換基が結合するので「不斉炭素」となり、「光学異性体」が存在する（不斉炭素には＊をつけて表す）。

　光学異性体は互いに化学的性質はまったく同じであるが、光学的な性質と生理学的な性質が異なるものである（図1.8a）。光学異性体はそれぞれを「D体」「L体」と呼ぶが、タンパク質を構成するのはL体に限られる。なぜ、片方の異性体だけがタンパク質を構成するのかは不明である。

　味の素で知られる「グルタミン酸ソーダ」はアミノ酸の一種であるグルタミン酸のナトリウム塩であるが、微生物を使って生合成されるのでL体のみである（図1.8b）。

B. ペプチド

　アミノ酸のアミノ基は、別のアミノ酸のカルボキシル基との間で脱水縮合することができる。このような結合を一般に「アミド結合」というが、アミノ酸どうしの結合の場合には特に「ペプチド結合」といい、このようにしてできたアミノ酸の二量体を「ペプチド」という。ペプチドはさらに別のアミノ酸とペプチド結合をすることができ、このようにしてアミノ酸の長い鎖ができる。これを「ポリペプチド」という（図1.8c）。タンパク質はポリペプチドの一種である。

図1.8a 光学異性体

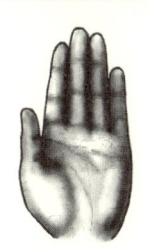

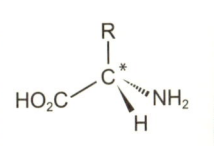

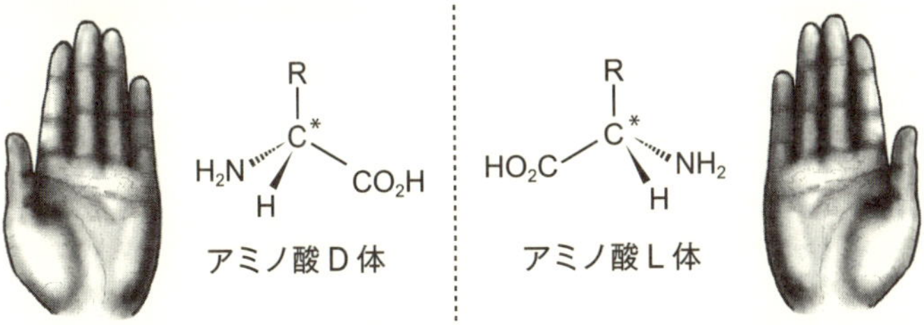

アミノ酸D体／アミノ酸L体

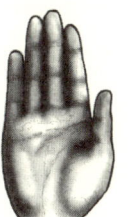

アミノ酸には4個の互いに異なる置換基R、H、NH_2、COOHがついている。この配置によって、立体的に異なったものができる。それは左手と右手の関係と同じである。すなわち、D体を鏡に映すとL体になるのである。このような異性体を互いに光学異性体、あるいは鏡像異性体という。

図1.8b グルタミン酸の構造式

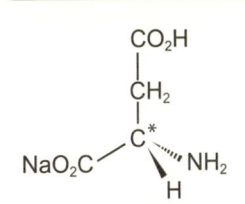

味の素はグルタミン酸ソーダであり、アミノ酸であるグルタミン酸のカルボキシル基のHがナトリウムNaに置き代わったものである。

図1.8c ペプチド結合とポリペプチド

カルボキシル基とアミノ基が脱水縮合してペプチド結合をつくる。

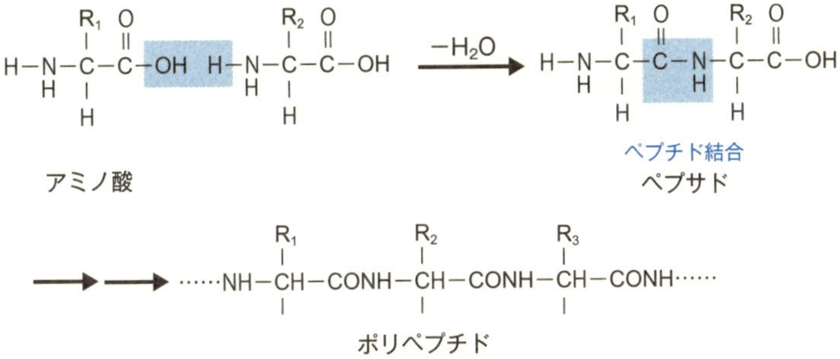

アミノ酸 → ペプサド（ペプチド結合）

→→ ポリペプチド

1.9 タンパク質とは何か

　タンパク質は、すべての生体の体を支える構造体であると同時に、各種の「酵素」として生体内の化学反応、生化学反応をつかさどるものであり、生体と生命を根幹から支えるものである。

A. 平面構造

　タンパク質は多数個の「アミノ酸」が脱水縮合した「ポリペプチド」からできている。したがって、タンパク質の構造はまず、どのようなアミノ酸がどのような順序で並んでいるかによって決定される。これを「一次構造」あるいは「平面構造」という（図1.9a）。

　タンパク質はポリペプチドが特有の形に折りたたまれたものであり、このような特有の立体構造によって、タンパク質の特有の機能が発現されるものと考えられている。

B. 立体構造

　タンパク質の立体構造は重層的なものである。基本は「α-ヘリックス」と呼ばれるラセン構造と、「β-シート」と呼ばれる平面構造の2種類の立体構造である。β-シートはポリペプチドの鎖が折りたたまれることによって平面系になったものであり、矢印を使って表されることが多い。タンパク質はこのα-ヘリックスとβ-シートという2種類の部分立体構造が組み合わさったものである（図1.9b）。

　タンパク質の中には、このような単位タンパク質が何個か集合してより高度な構造体となったものものある。血液中にあって酸素を運搬する「ヘモグロビン」はこのようなタンパク質である。すなわちα構造、β構造と呼ばれる単位タンパク質が4個組み合わさった構造となっている。このような構造になることによって、単独で酸素運搬をするよりも効率的に運搬できることが知られている（図1.9c）。

図1.9a アミノ酸の結合

アミノ酸

ポリペプチド（ペプチド結合）

図1.9b α-ヘリックスとβ-シート

α-ヘリックス　　β-シート

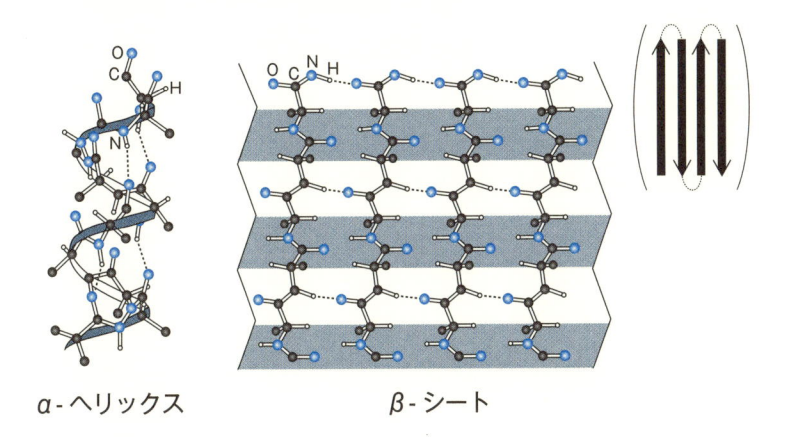

図1.9c 集合体

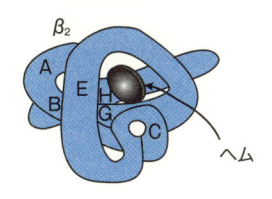

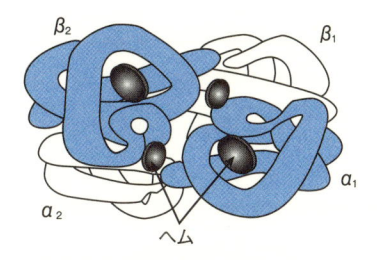

ヘム

1.10 ビタミンとは何か

　少量で動物の発育、体調に影響する物質のうち、動物が自分の体内で生産できないものをビタミンという。生体内で行われる化学反応は「酵素」によって制御される。ビタミンは酵素を助ける「補酵素」として働いたり、酵素の部分構造として機能することが多い。そのため、少量で重要な働きをすることになる。

　ビタミンは「生命」(vita)に関係する「アミン」(amine)という意味で名づけられた。歴史的にはビタミンのうち、油に溶けるものをA、水に溶けるものをBとしたが、その後、各種のビタミンが発見され、この分類は崩れるにいたった (表1.10)。

A. 脂溶性ビタミン

　「ビタミンA」は、肝油、卵黄などに含まれる。また、ニンジンなどのカロテン色素を含む野菜もビタミンA補給に役立つ。カロテンは体内に入ると酸化的に二分され、その結果生じるアルコール誘導体がビタミンAなのである。ビタミンAはさらに酸化されてアルデヒドである「レチナール」になる。レチナールは「視細胞」で重要な働きをする物質である。このため、ビタミンAが欠乏すると「夜盲症」など、視力に異常が現れることが多い (図1.10a)。

B. 水溶性ビタミン

　「ビタミンB」は、胚芽、レバーなどに多く含まれ、欠乏すると脚気、心臓機能障害などを起こす。明治時代には白米を多食する軍隊で多発し、問題となった (図1.10b)。

　「ビタミンC」は、多くの哺乳類は自分の体内で合成するが、人間や猿は合成することができない。不足すると「壊血病」となり、歯茎をはじめ粘膜からの出血を招く。

表1.10 ビタミンの種類

種類	ビタミン
脂溶性	A（A_1、A_2、A酸、ビタミンアルデヒド＝レチナール） D（D_1〜D_5）、K（K_1〜K_5）
水溶性	B_1、B_2、B_6、B_{12}、C、パントテン酸、葉酸、 ニコチン酸（ナイアシン、ニコチンアミド）、ビオチン

ビタミンは水に溶ける水溶性ビタミンと、水に溶けず、油に溶ける脂溶性ビタミンとに大別される。

図1.10a ビタミンAの3つの姿

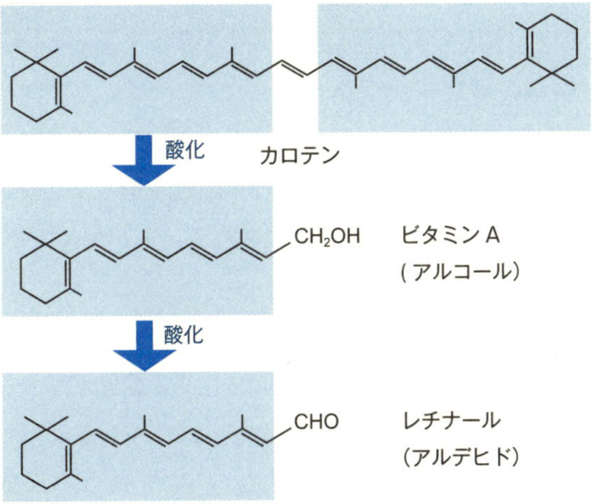

野菜に含まれるカロテンは酸化的に二分されてアルコールのビタミンAとなり、さらに酸化されてアルデヒドのレチナールになる。

図1.10b ビタミンB_1・Cの構造式

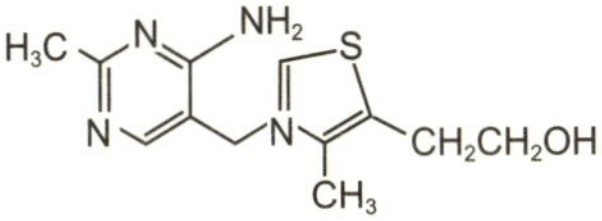

ビタミンB_1

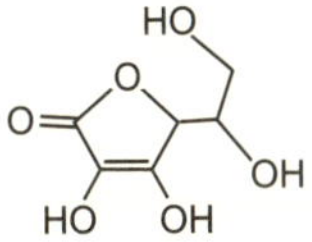

ビタミンC

1.11 ミネラルとは何か

　ミネラルは飲食物中に含まれる無機物のことである。人に必要なミネラルは、ナトリウム Na、カリウム K、マグネシウム Mg、カルシウム Ca、鉄 Fe、亜鉛 Zn、リン P、ヨウ素 I などである。

○ナトリウム、カリウム

　「神経細胞」の内外にあって、神経細胞中を情報が移動するのを支配する。すなわち、神経細胞の細胞膜にある「チャネル」を通ってナトリウムイオン Na^+、カリウムイオン K^+ が細胞内に出入りすることによって電圧が変化し、電気信号が発生する（図1.11a）。

○カルシウム、マグネシウム

　カルシウムは骨の成分として欠かせないものである。マグネシウムはカルシウムが体内に吸収されるのを助ける働きがあり、カルシウムとマグネシウムの割合、「カルマグバランス」が大切である。

○鉄、亜鉛

　鉄は「ヘモグロビン」に含まれ、肺で吸収された酸素を細胞に届ける働きをする。亜鉛は細胞分裂を活発化する働きがあり、不足すると味覚の異常や、傷が治りにくいなどの障害がおきる（図1.11b）。

○リン、ヨウ素

　リンは「DNA」「RNA」の「核酸」を構成する重要な元素であり、また「ATP」を中心とした生体のエネルギーシステムの中心的機能をはたすものである。また、ヨウ素は「甲状腺ホルモン」である「チロキシン」にふくまれ、成長に関係する（図1.11c）。

○ミネラルウォーター

　水道水が美味しくないということで、ミナラルウォーターの需要が高まっている。ミネラルウォーターはヨーロッパをはじめとした

世界各地の水のうち、特にミネラル分を多く含むとされる水である。しかし、ミネラル分を多く含むということは、すなわち硬度が高いということを意味することが多い。

図1.11a　神経細胞におけるナトリウムチャネル

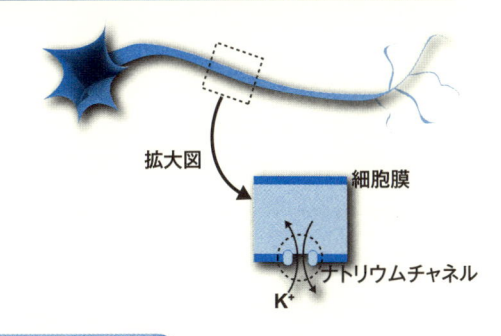

図1.11b　ヘムの構造

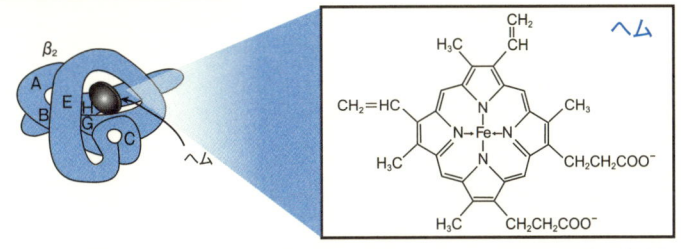

図のタンパク質は1.9節で見たヘモグロビンである。ヘモグロビンは鉄を含む有機物（錯体）をもっており、これをヘムという。ヘムは酸素を運ぶ分子である。

図1.11c　チロキシンの構造

チロキシンには1分子当たり4個のヨウ素が入っている。

1.12 硬水・軟水とは何か

　カルシウムイオン Ca^{2+} やマグネシウムイオン Mg^{2+} を多く含む水を「硬水」、あまり含まない水を「軟水」という。硬水か軟水かを表わす尺度を「硬度」という。

A. 硬度

　硬度にはいろいろの定義がある。日本で採用しているのはアメリカ式である。すなわち、水1L中に含まれる Ca^{2+}（式量＝分子量＝40）、Mg^{2+}（24）を炭酸カルシウム $CaCO_3$（分子量100）に置き換え、その重さ（mg数）を硬度という。したがって1L中に Ca^{2+} を40mg、Mg^{2+} を24mg含む水は両方あわせて $CaCO_3$ を200mg含むことになるので硬度200ということになる（表1.12）。

B. 硬水・軟水

　世界保健機構（WHO）の定義によれば、硬水、軟水の硬度は次のようなものである。

　○軟水：　　　　　　　0〜60未満
　○中程度の軟水：　　　60〜120未満
　○硬水：　　　　　　　120〜180未満
　○非常な硬水：　　　　180以上

　この定義によれば、ヨーロッパの水はほとんどが硬水である。フランスのミネラルウォーターであるエビアンの硬度は300を超え、非常な硬水に属する。一方、日本の水は軟水が多い（図1.12a）。

　飲料水に適するのは軟水といわれるが、硬水はミネラル分の補給には向いている。硬水は石鹸の分子と反応して石鹸の泡立ちを抑え、さらに不溶性のカルシウム塩（セッケンカス）を生じるので洗濯には向かない（図1.12b）。

表1.12 硬水と軟水の判断

硬度	硬水・軟水の別
300	非常な硬水
240	
180	硬水
120	中程度の軟水
60	軟水
0	

Ca^{2+} の式量が40であり、$CaCO_3$ の分子量が100だから、40mgの Ca^{2+} が100mgの $CaCO_3$ に相当する。同様に Mg^{2+} の式量は24だから、24mgの Mg^{2+} が100mgの $CaCO_3$ に相当する。
したがって40mgの Ca^{2+} と24mgの Mg^{2+} を含む水は100mg＋100mg＝200mgの $CaCO_3$ を含むことになるので硬度＝200ということになる。

図1.12a 日本とヨーロッパの水の違い

ヨーロッパには硬水が多い。

日本には軟水が多い。

硬水を使用するか軟水を使用するかで酒の味も大きく変わる。硬水を使用した日本酒の代表格は灘の清酒であり、軟水を使用した代表格は伏見の清酒である。

図1.12b 石鹸とカルシウムの反応

$$R\text{-}CO_2^- Na^+ + Ca^{2+} \Rightarrow (R\text{-}CO_2)_2Ca$$

　　石鹸　　　　　　　　　　不溶性カルシウム塩

石鹸は脂肪酸とナトリウムイオンが結合したもので、構造式は RCO_2Na である。ここに Ca^{2+} が来ると両者は反応して不溶性のカルシウム塩をつくる。そのため、硬水は洗濯に向かない。

1.13 調味料の種類

　料理に味をつけるものを調味料という。醤油、味噌などが典型である。成分としては「塩化ナトリウム」（食塩、NaCl）、「酢酸」（CH_3CO_2H）、「エタノール」（CH_3CH_2OH）などを含む。なお、旨みの素は各種の「アミノ酸」であるといわれている。

A. 醤油

　蒸した大豆と炒って砕いた小麦と種麹から作った「醤油麹」に食塩を加え、これを数カ月発酵させる。このモロミを絞ったものが醤油である (図 1.13a)。また、麦を使わず、大豆のみで作った醤油がたまり醤油であり、愛知県、岐阜県などで用いられる。

B. 魚醤（ぎょしょう）

　A. で述べた醤油は原料に穀物を用いるので「穀醤」といわれる。それに対して秋田県のショッツル、能登半島のイジル、ベトナムのニョクマムなどは、小魚の塩漬けから出る汁を発酵させたものであり、「魚醤」と呼ばれる (図 1.13b)。

C. 味噌

　蒸した穀物に麹菌をつけて麹とし、それに蒸し大豆と食塩を加えて発酵させたものである。麹に用いる穀物によって、米味噌、麦味噌、豆味噌がある (図 1.13c)。

D. 酢

　糖分やアルコールを含む原料に酢酸菌を加えて「酢酸発酵」させたものである (図 1.13d)。3〜5%の「酢酸」を含む。原料の違いによって米酢、りんご酢、ワインビネガー（ブドウ）などがある。バルサミコ酢はイタリア産のワインビネガーの一種である。

図 1.13a 醤油の製法

蒸し大豆 炒り麦 →(種麹)→ 醤油麹 →(食塩・発酵)→ モロミ →(濾過)→ 醤油

蒸した大豆と炒った麦から醤油麹をつくる。これに食塩を加えて発酵させてモロミをつくる。これを絞ると醤油になる。蒸し大豆の代わりに小魚を用いると魚醤になる。

図 1.13b 醤油と魚醤

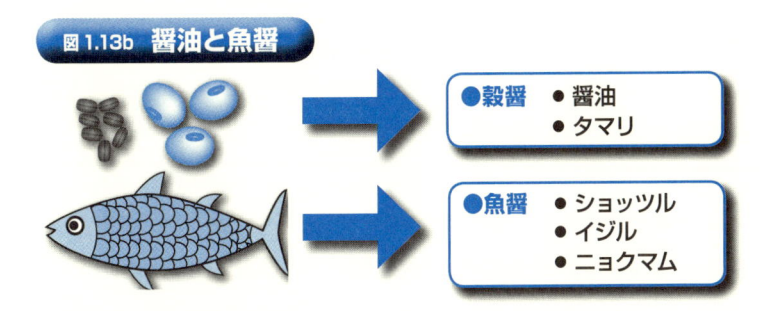

- ●穀醤
  - 醤油
  - タマリ
- ●魚醤
  - ショッツル
  - イジル
  - ニョクマム

図 1.13c 味噌の製法

蒸し穀物 炒り麦 →(麹)→ 麹 →(食塩・蒸し大豆)→ 味噌

蒸し穀物： 米 ⇒ 米味噌
　　　　　 麦 ⇒ 麦味噌
　　　　　 豆 ⇒ 豆味噌

蒸した豆に麹菌をつけて麹を作り、これに食塩と蒸し大豆を加えて発酵させると豆味噌となる。豆の代わりに麦、米を用いるとそれぞれ麦味噌、米味噌となる。

図 1.13d 酢の製法

蒸し穀物 炒り麦 →(酢酸菌・酢酸発酵)→ 酢

酢酸菌によって酢酸発酵させたものが酢である。

1.14 化学調味料とは何か

　化学的に合成したり、天然物から化学的手法によって取り出した調味料を化学調味料という。味の素は東大教授池田菊苗が1908年にコンブの旨み成分としてコンブから抽出したものである。

　食品の味としては、甘い、辛い、苦い、酸っぱいなどがある。旨みは日本人にはなじみの深いものであるが、国際的な認知度はいまひとつであった。しかし最近は日本食の国際化と共に、旨みも国際的な味の成分として認められつつある（図1.14a）。

A. コブ味

　味の素は「グルタミン酸ナトリウム」（グルタミン酸ソーダ）であり、たんぱく質を構成する約20種のアミノ酸のひとつ、グルタミン酸のナトリウム塩である。アミノ酸にはD体とL体という光学異性体があるが、たんぱく質を構成するのはL体に限られており、そのため、味の素もL－グルタミン酸ナトリウムである（図1.14b）。

　味の素は小麦、大豆などに含まれる植物タンパク質を加水分解したり、サトウキビの絞り汁を発酵させることによって得たグルタミン酸を塩基処理してつくる。

B. カツオ味

　グルタミン酸ナトリウムがコンブ、すなわち植物の旨みの成分であるのに対して、「イノシン酸ナトリウム」は鰹節、すなわち魚、動物の旨みといわれている。また、グアニル酸のナトリウム塩である「グアニル酸ナトリウム」はシイタケの旨みである（図1.14c）。

　イノシン酸とグアニル酸はDNAなど核酸の成分と構造が似ており、燐酸エステルである。このほかに脂肪酸である「コハク酸ナトリウム」は貝類の旨みの素といわれている。

図1.14a 味の5要素

味は"甘""辛""苦""酸"の4種の味と"旨み"、合わせて5種の味からなる。旨みは日本人には馴染みの味であるが、世界的にも認知されつつある。

図1.14b グルタミン酸ナトリウムの構造による違い

アミノ酸D体　　　アミノ酸L体

D-グルタミン酸ナトリウム（旨味なし）　　　L-グルタミン酸ナトリウム（旨味あり）

図1.14c 植物・動物・貝類の旨みの構造式

R:H　⇒ イノシン酸ナトリウム（カツオブシ）
R:NH_2 ⇒ グアニル酸ナトリウム（シイタケ）

コハク酸ナトリウム（貝類）

1.15 食品添加物とは何か

　純食品は私たちの体を作り、命を持続し、飢えを癒してくれるものであり、その大切さはいうまでもない。しかし、食品の多くは長期保存に耐えず、時間がたつと味が落ち、変質し、最後には腐敗して食べられなくなる。そのため、品質保持、さらには品質の向上のために微量物質を加えることがある。これを食品添加物という。食品添加物は次の種類に分けることができる。

A. 製造の目的で入るもの

より良い製品するために加えるもの

調味料：人工甘味料、クエン酸、酢酸、味の素などである。

膨張剤：製パンなどで天然酵母の代わりに用いる。

増粘剤：ソーセージなどで滑らかな口当たりのために加える。

乳化剤：水と油のように混じらない物を混ぜるために加える。

B. 流通経路の関係で入るもの

流通の途中でトラブルが起きないように加えるもの

保存料：細菌の増殖を防止し、食品を防腐するもの。

殺菌剤：食品中の最近を殺し、防腐するもの。

酸化防止剤：食品が酸化され品質が劣化するのを防ぐ。

防カビ剤：カビが生えるのを防ぐ。

C. その他の目的で入るもの

食品に付加価値をつけるもの

着色剤：食品に色を付け、食欲と購買欲を刺激するもの

漂白剤：天然の色を消し、より白くするもの。

発色剤：食品が持っている色をより強く発色させるもの。

栄養強化剤：カルシウム、ビタミンなど。

図1.15a 食品添加物の目的

おいしくする

味
調味料
甘味料

付加価値をつける

外観
香料
着色料
漂白剤

→ 食品 ←

加工
乳化剤
膨張剤
増粘剤

より良い製品に

保存
保存料　殺菌料
酸化防止剤
防カビ剤

流通上のトラブル防止

図1.15b 主な食品添加物の構造

安息香酸

オルトフェニルフェノール
（防カビ剤）

エオシン
（赤色色素）

$NaSO_3$

亜硫酸ナトリウム
（漂白剤）

食品添加物は食品の味と外見を良くし、保存性を高めるために加える微量物質である。現在のように多様な食生活は、食品添加物に負うところが多い。

1.16 合成甘味料とは何か

　天然物でなく、人工的に作った甘味料を合成甘味料という。ショ糖（砂糖）より甘みが強く、カロリーが低いのでダイエット食品、糖尿病患者の食品などに利用される。

○サッカリンとアスパルテーム

　「サッカリン」は歴史的に有名な合成甘味料である。無色の結晶でありショ糖の500倍の甘みを持つ。一時、発ガン性を疑われたが、その後疑いは晴れた。「アスパルテーム」は2個のアミノ酸が脱水縮合したペプチドであり、砂糖の200倍の甘さを持つ（図1.16a）。

○使用禁止になったチクロとズルチン

　「チクロ」は砂糖の50倍の甘さを持ち、かつて大量に使われたが、大量に使用すると内臓疾患を起こす恐れがあることがわかり、1969年に使用禁止になった。「ズルチン」も砂糖の300倍の甘さをもつが発ガン性が指摘され、1968年に使用禁止となった。

○ソルビット

　「ソルビトール」あるいは「グルシトール」ともいわれる。天然にも梨や桃に含まれるが、実用的にはブドウ糖に水素を付加してつくるので合成甘味料に混ぜて紹介した（図1.16b）。

○ミラクリン

　甘味料とはいえないが、酸っぱいものを甘く感じさせる物質がある。ミラクルフルーツという果実に含まれるタンパク質である。ミラクリンは舌の表面にある味細胞の甘味受容部位の近くに結合する。ミラクリンの先端には糖が存在するが、甘味受容部位は糖に届かず、甘味を感じない。しかし、酸っぱいものを食べると味細胞が膨れ、甘味受容部位が糖に届いて甘味を感じることになる（図1.16c）。

図1.16a 合成甘味料の構造式と甘味強度

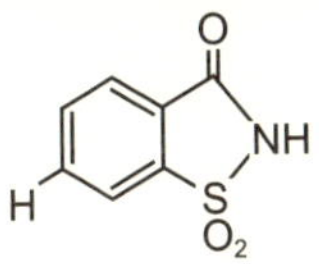

サッカリン
（相対甘味強度：200〜700）

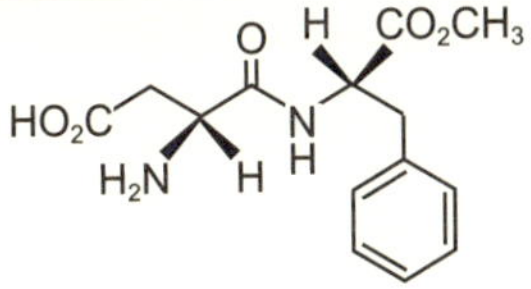

アスパルテーム
（200）

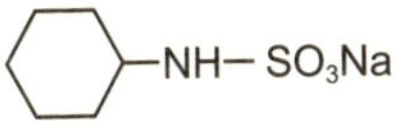

チクロ
（50）

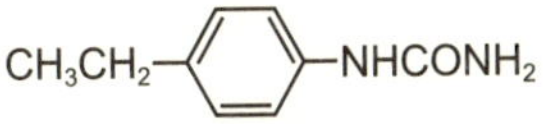

ズルチン
（300）

相対甘味強度は砂糖の甘みを1とした場合の甘みの相対的な強さである。サッカリンの甘みの強さがよくわかる。

図1.16b ブドウ糖からソルビトールへ

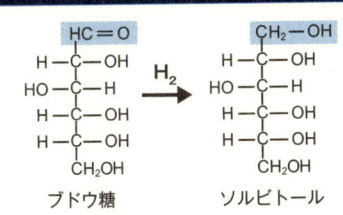

ブドウ糖 → ソルビトール

ソルビトールは天然に存在するが、人工的にもブドウ糖に水素を付加してつくることができる。虫歯予防効果があるという。

図1.16c ミラクリンのしくみ

ミラクリンの先端にはアラビノースまたはキシロースという糖が存在するが、舌に存在する甘味受容部位に届かない。酸っぱいものを食べると味細胞が膨れ、甘味受容部位が糖に届いて甘味を感じる。水を飲むと味細胞が元に戻り甘さが消える。

1.17 着色剤とは何か

　着色剤とは物質に色をつけるものすべてをさすが、ここでは食品の着色剤をあつかうことにする。

　食品はさまざまな色を持っている。しかし、消費者の食欲と購買欲を刺激するためにはより美しい色にした方が望ましい。このような目的で使われるものを「着色剤」「色素」という。ただし、鮮魚介類や食肉、野菜類に着色料を使用することは禁じられている。鮮度の判断を誤る可能性があるからである。

　着色剤には、「クチナシの黄色」「紅花の赤」のように、天然の色素と、化学的に合成された合成色素（タール系色素）の2種類がある。

A. 天然色素

　天然色素は伝統的に使われてきたものだけに安全性に信頼を置きがちであるが、中には有害なものもある。たとえば、アカネ色素は腎臓がんを起こす可能性が認められ、2004年に既存添加物から外され、使用できなくなった。紅花の色は紅花から得られたものである。「コチニール」は南米のサボテンに住む昆虫であるエンジムシから得られる赤色色素である（図1.17a）。

B. 合成色素

　合成色素は、一般に色が鮮やかで少量で食品に美しい色を付けることができる上、価格も安価なことから一般に広く使われている。

　図に示したものは合成色素の一例である。赤色2号、黄色4号はN=N二重結合を持っており、一般に「アゾ色素」と呼ばれるものの一種である。青色2号は藍の染料である「インジゴ」と骨格が同じため、インジゴ系色素といわれる。いずれにしろ、色素にはベンゼン骨格をもつものが多いことがわかる（図1.17b）。

図1.17a 天然色素の例

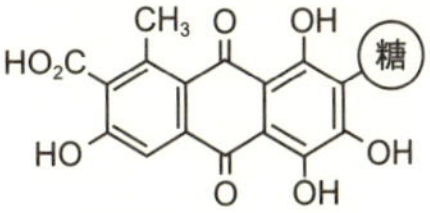

コチニール（黄、赤） 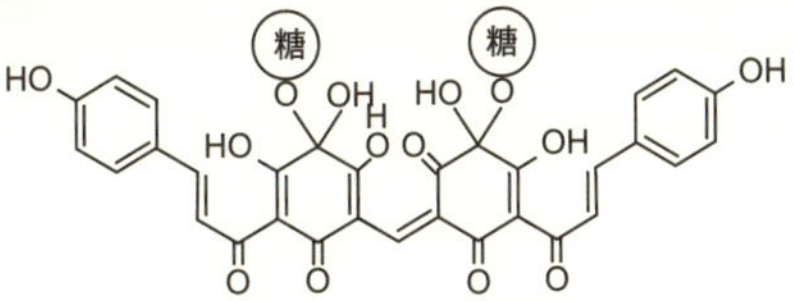　　ベニバナ（赤色、カルタミン）

二重結合と単結合が交互に並んだ結合を共役系という。一般に共役系がない分子には色がなく、共役系が長くなるに連れて黄色→赤→青と色が変化する傾向がある。

図1.17b 合成色素の例

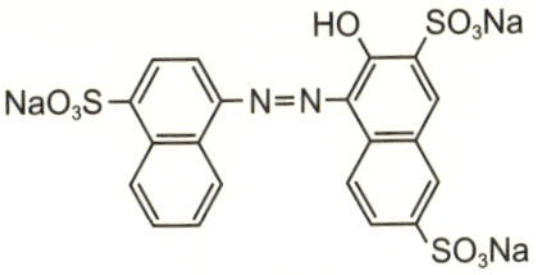

赤色2号

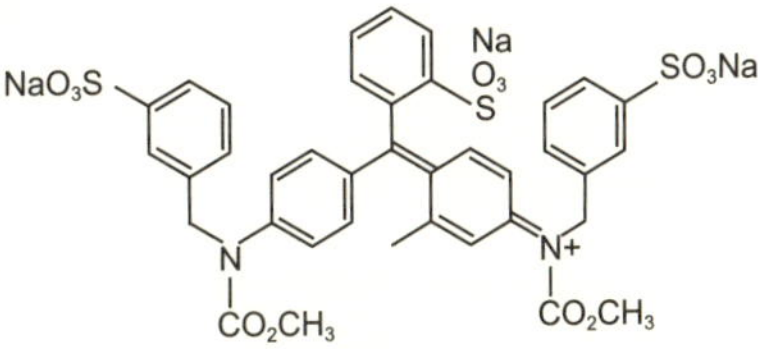

青色1号

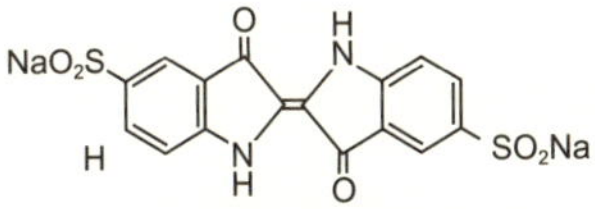

青色2号

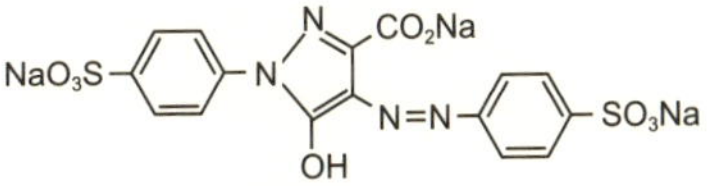

黄色4号

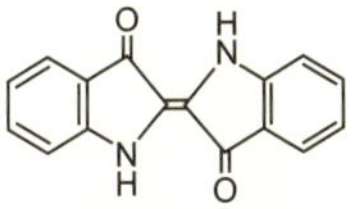

[インジゴ（青色染料）]

インジゴは藍の主成分であり、ブルージーンズを染める染料である。青色2号もインジゴ骨格を持っている。青色2号のSO_2Naを臭素Brに代えると、高貴な染料として有名な貝ムラサキになる。

1.18 防腐剤とは何か

　防腐剤とは、食品などに細菌が繁殖して腐敗することを防ぐ目的の薬剤であり、保存料とも呼ばれる。そのため、細菌の侵入・発育・増殖を妨げるもので、殺菌作用は無い（図1.18a）。食物に用いる場合は人体に無害であることが大前提となる。

A. 安息香酸

　安息香酸は、ベンゼン環にカルボキシル基 CO_2H のついた化合物である。エゴノキの樹皮を傷つけると分泌される樹脂を「安息香」という。そこに含まれる酸なので安息香酸というが香りは無い。

　安息香酸のカルボキシル基の隣にヒドロキシ基 OH のついた化合物を「サリチル酸」という。サリチル酸は魚の目トリなどに用いられる薬剤であり、それから誘導される「アセチルサリチル酸」（商品名アスピリン）、サリチル酸メチル（商品名サロメチール）などは有力な薬剤である（図1.18b）。

　安息香酸は、清涼飲料水をはじめ多くの食品に広く使われている。食品にもよるが、食品1kg当たり1～3g程度の混入が認められている。

B. パラオキシ安息香酸エチル

　安息香酸にヒドロキシ基がついたもののエチルエステルである。エチルエステルだけでなくプロピル、ブチルエステルなども使用される。食品1kg当たり0.01～0.25g程度の混入が認められている（図1.18c）。

C. ソルビン酸

　チーズ、蒲鉾、魚介類の燻製、漬物などに広く用いられる。食品

1kg当たり1〜3g程度の混入が認められている。

D. プロピオン酸

チーズ、パンなどに1kg当たり2.5〜3g程度の混入が認められている。

図1.18a 防腐剤の機能

防腐機能は殺菌と異なり、最近を死滅させるほどの効果は無い。細菌の活動を抑える効果（静菌作用）が主となる。

図1.18b 安息香酸とその派生物

安息香酸 → サリチル酸

メタノール CH_3OH → サリチル酸メチル（筋肉消炎剤）

CH_3CO_2H 酢酸 → アセチルサリチル酸（アスピリン、解熱・鎮痛剤）

図1.18c その他の防腐剤

パラオキシ安息香酸

ソルビン酸　　　　　プロピオン酸

$CH_3CH=CH-CH=CH-CO_2H$　　$CH_3-CH_3-CO_2H$

カルボキシル基は酸性であり、H^+を放出する作用があり、殺菌剤に用いられることが多い。

COLUMN 01

結合の種類

　原子と原子を結びつけて分子にする力を結合という。結合にはイオン結合、金属結合など多くの種類があるが、有機化合物を作る結合は共有結合である。

　共有結合には単短結合、二重結合、三重結合などがある。単結合は1本の直線で表されるものでエタンH_3C-CH_3のC-C結合が典型である。二重結合は2本の直線で表され、エチレン$H_2C=CH_2$のC-C結合が代表的な例である。三重結合はアセチレン$HC\equiv CH$のC-C結合であり、3本の直線で表される。

　例外はベンゼンの結合である。ベンゼンは六角形の環状化合物であり、C-C結合は単結合と二重結合が交互に連続している。このような結合を共役二重結合というが、共役二重結合では単結合と二重結合の差がなくなっている。
すなわち、ベンゼンの6本のC-C結合はすべて等しく、いわば1.5重結合のようなものである。そのため、ベンゼンの構造は6員環の中に○を書いて表すことが多くなった。

ベンゼン

第2章
健康の化学

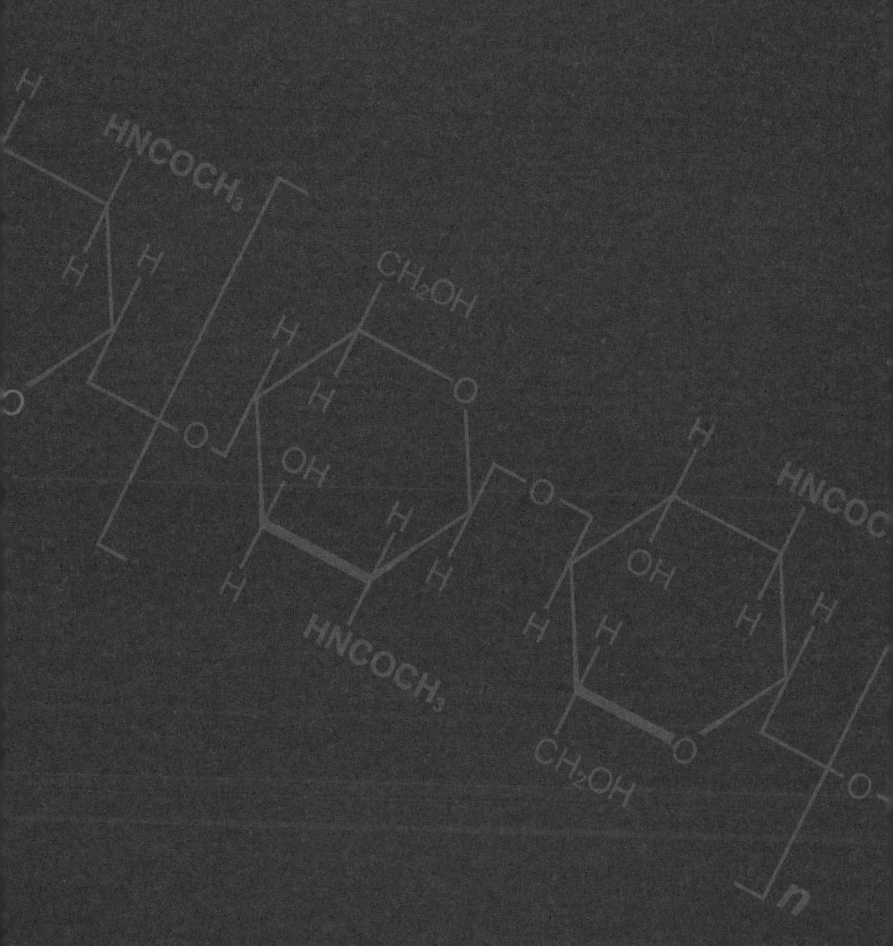

2.1 DHA・EPAとは何か

　DHAは「ドコサヘキサエン酸」(docosahexaenoic acid) の略である。「ドコサ」(docosa) はラテン語の数詞で22、「ヘキサ」(hexa) は6を表し、「エン」(en) は二重結合を表す言葉である。すなわちドコサヘキサエン酸は、「炭素数22個であり二重結合6個を含む脂肪酸」という意味である (図2.1)。

　EPAは「イコサペンタエン酸」(icosapentaenoic acid) の略であり、「イコサ」(eicosa) は20、「ペンタ」(penta) は5である。したがって「炭素数12、二重結合数5の脂肪酸」である。

A. 脂肪酸

　脂肪酸は食品中の油脂の主要な成分である。油脂は、動物の体内や植物の種子に存在する、いわゆる「油」であり、動物の油脂は個体、植物の油脂は液体であることが多い。DHAもEPAも、油脂が加水分解されて生じる脂肪酸の一種である。

　脂肪酸は炭素鎖部分を構成する炭素数の違いにより、11個以下の低級脂肪酸と12個以上の高級脂肪酸に分けることができる。また、二重結合を含む不飽和脂肪酸と、含まない飽和脂肪酸に分類される (表2.1)。一般に獣類の油脂には飽和脂肪酸が多く、植物、魚類の油脂には不飽和脂肪酸が多い。DHA、EPAはともに「不飽和高級脂肪酸」ということになる。

B. 効用

　DHAやEPAには血栓を予防する作用があり、脳細胞を活性化させる作用があるといわれている。このため、記憶能力や学習能力を向上させ、老人性痴呆症の予防や治療に役立つ可能性があるものと期待されている。イワシ、サバ、マグロなど、背の青い魚に特に

たくさん含まれているという。

不飽和脂肪酸を含む油脂は、空気中に放置すると二重結合が酸化され、粘度を増して乾燥状態になるので「乾性油」とも呼ばれる。乾性油は油絵の顔料を固定する油脂としても利用される。

図2.1　DHAとEPAの構造

ドコサヘキサエン酸（EPA）
炭素数がドコサ(22)で、二重結合をヘキサ(6)個含む

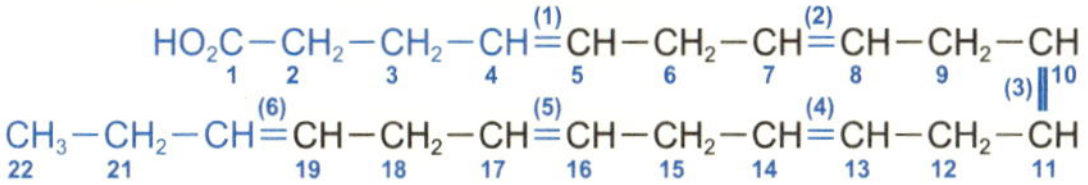

$$HO_2C-CH_2-CH_2-CH\overset{(1)}{=}CH-CH_2-CH\overset{(2)}{=}CH-CH_2-CH$$
$$CH_3-CH_2-CH\overset{(6)}{=}CH-CH_2-CH\overset{(5)}{=}CH-CH_2-CH\overset{(4)}{=}CH-CH_2-CH$$

イコサペンタエン酸（EPA）
炭素数がイコサ(20)で、二重結合をペンタ(5)個含む

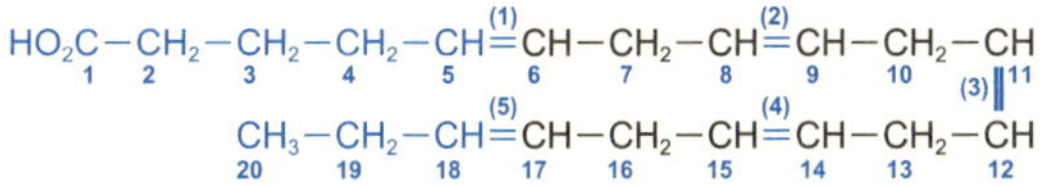

$$HO_2C-CH_2-CH_2-CH_2-CH\overset{(1)}{=}CH-CH_2-CH\overset{(2)}{=}CH-CH_2-CH$$
$$CH_3-CH_2-CH\overset{(5)}{=}CH-CH_2-CH\overset{(4)}{=}CH-CH_2-CH$$

表2.1　脂肪酸の分類

	飽和脂肪酸		不飽和脂肪酸		
	名称	構造式	名称	構造式	二重結合数
低級脂肪酸	酢酸	CH_3CO_2H			
	カプロン酸	$C_5H_{11}CO_2H$	アクリル酸	$CH_2=CHCO_2H$	1
	カプリル酸	$C_7H_{15}CO_2H$	クロトン酸	$CH_3CH=CHCO_2H$	1
	カプリン酸	$C_9H_{19}CO_2H$	ソルビン酸	$C_5H_7CO_2H$	2
	ラウリン酸	$C_{11}H_{23}CO_2H$	ウンデシレン酸	$C_{10}H_{19}CO_2H$	1
高級脂肪酸	ミリスチン酸	$C_{13}H_{27}CO_2H$	オレイン酸	$C_{17}H_{33}CO_2H$	1
	ステアリン酸	$C_{17}H_{35}CO_2H$	EPA	$C_{19}H_{30}CO_2H$	5
	アラキン酸	$C_{19}H_{37}CO_2H$	DHA	$C_{21}H_{32}CO_2H$	6
	セロウン酸	$C_{25}H_{51}CO_2H$	プロピオル酸	C_2HCO_2H	＊
	ラクセル酸	$C_{31}H_{63}CO_2H$	ステアロール酸	$C_{17}H_{31}CO_2H$	＊

＊は三重結合1個を含む

2.2 コラーゲンとは何か

　コラーゲンとはもともと「ニカワ」(膠) を意味する言葉である。コラーゲンは細胞をつなぐ結合組織を構成するタンパク質であり、哺乳類では全タンパク質の30%はコラーゲンであるといわれている。

　コラーゲンは天然の高分子素材であり、昔からゼリーとして料理やお菓子に使われてきた。フカヒレが珍重されるのはそのコラーゲンのせいであるともいわれる (図2.2a)。

A. 構造

　コラーゲンは長いポリペプチド鎖3本が三つ編み構造になったものであり、これを特に「トロポコラーゲン」と呼ぶ。トロポコラーゲンの両端を「テロペプチド」、中央部分を「アテロペプチド」という (図2.2b)。テロペプチド部分は免疫反応に関係する抗原性を持ち、生体適合性の問題を引き起こす。したがって、タンパク質分解酵素である「ペプチン」によってテロペプチド部分を除いたアテロペプチド部分は、免疫性と無関係な素材とみなすことができる。

B. 用途

　しかし、最近はさらに化学的な面にその用途が広がっている。生体適合性が高く、かつ自然界で分解されるので、その用途は非常に広い。特に医療関係の素材として注目されている。糸にすれば抜糸不要の手術糸になり、膜にすれば傷口を覆う被覆剤、あるいは人工腎臓などの透析膜にも使われる (図2.2c)。

　コラーゲンは高分子であり、皮膚や腸からそのまま吸収されるとは考えにくいところがある。吸収されるためには分解されてアミノ酸にならなければならず、アミノ酸になればコラーゲンに由来しようがイワシの頭に由来しようが、すべて同じということになる。

図2.2a　フカヒレは大型のサメのヒレ

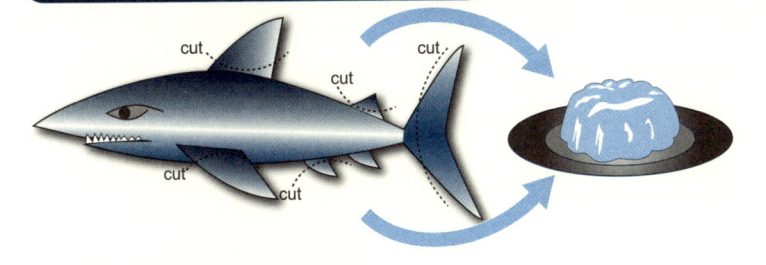

図2.2b　コラーゲンの構造

α-1
α-2
α-1

テロペプチド部分　　トロポペプチド　　テロペプチド部分

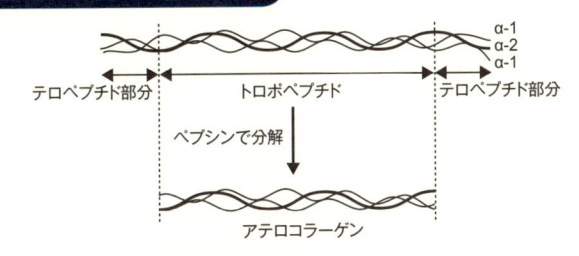

↓ ペプシンで分解

アテロコラーゲン

表2.2　コラーゲンの用途

形態	応用
溶液	皮内注入用インプラント、化粧品材料、人工硝子体
膜	透析膜、人工鼓膜、人工皮膚用基材
糸	縫合糸、止血材
ハイドロゲル	ソフトコンタクトレンズ
生体組織	人工血管、創傷カバー材、人工弁

図2.2c　コラーゲンの吸収

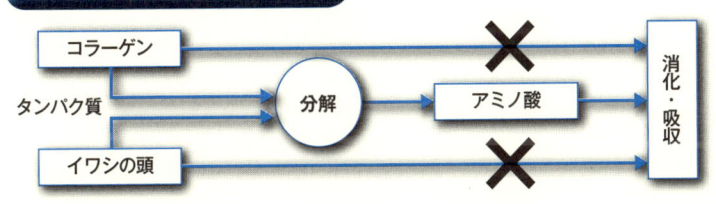

コラーゲン
タンパク質 → 分解 → アミノ酸 → 消化・吸収
イワシの頭

2 健康の化学

2.3 ムコ多糖類とは何か

　軟骨、眼球、動脈など、動物の粘ちょうな部分に含まれる物質の総称であり、いくつかの種類がある（ムコとは粘性物質の意味である）。「軟骨」には20～40％含まれている。保水性に優れ、タンパク質のコラーゲンとともに「結合組織」を形成し、細胞をつなぎ合わせる働きをする。そのため、不足すると肌の張りがなくなるなど、加齢の様相が現われるという。

A. 構造

　ムコ多糖類は、デンプンやセルロースと同様に多くの単糖類が結合した「多糖類」の一種であり、「天然高分子」の一種である。高分子の単位構造となる単糖類としては、主に3種類がある。

　①グルコース（ブドウ糖）が酸化されてできた「グルクロン酸」
　②グルコースのヒドロキシ基-OHの一つがアミノ基-NH_2に変化した「グルコサミン」
　③グルコサミンのアセチル誘導体

　の3種である。

　これらが結合してできた高分子として「キトサン」「キチン」「ヒアルロン酸」「コンドロイチン硫酸」などがある（表2.3、図2.3）。

B. 存在

　もともと生体を構成する物質であるが加齢とともに減少するので、食物として取り入れる必要がある。そのため、健康食品はサプリメントの重要な一因となっている。原料としては主にサメのヒレなど軟骨部分から得られる。

C. 効用

　医薬品としても用いられ、腰痛症、関節痛、五十肩などの治療薬

として用いられる。また、点眼液に混ぜて角膜の保護にも使われる。

大きな需要は健康食品やサプリメントであり、健康や皮膚の保湿によいとされる。

表2.3　ムコ多糖類の種類

名前	キチン	キトサン	ヒアルロン酸	コンドロイチン硫酸
構成単糖	グルコサミンアセチル体	グルコサミン	グルコサミンアセチル体＋グルクロン酸	グルコサミンアセチル体＋グルクロン酸＋硫酸
所在	甲殻類、昆虫		軟骨、結合細胞	

図2.3　ムコ多糖類の構造

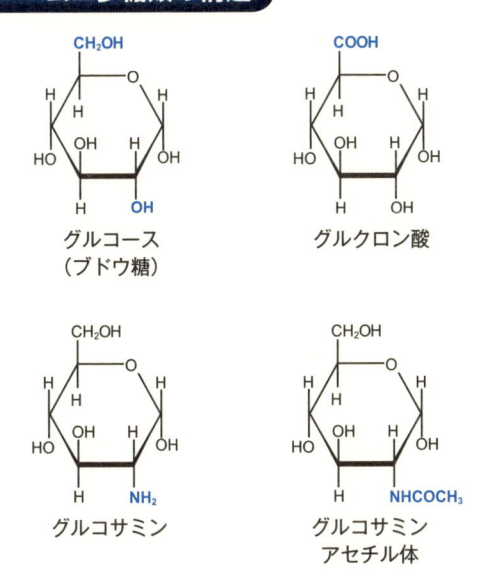

グルコース（ブドウ糖）

グルクロン酸

グルコサミン

グルコサミンアセチル体

グルコースの-CH_2OH部分を酸化して-COOHにしたものがグルクロン酸である。また、グルコースの-OH（青字）をNH_2に変えたものがグルコサミンであり、グルコサミンのNH_2のHの1個を$COCH_3$に変えたものがグルコサミンアセチル体である。

2.4 キチン質とは何か

　キチン質は、カニやエビなどの甲殻類の甲羅や、昆虫類の外骨格や硬い皮膚を構成する物質で、タンパク質とキチンからなる。

A. キチンとキトサン

　キチンは、グルコース（ブドウ糖）のヒドロキシ基-OH 1個が、アミノ基-NH$_2$に変化した「グルコサミン」に由来するものである。多数のグルコサミンが結合してデンプンやセルロースのようになったものは「キトサン」と呼ばれる。そしてキトサンの-NH$_2$部分がNHCOCH$_3$に変化したものがキチンである。したがって、多数個のグルコサミンアセチル体が結合したものとみることもできる（図2.4a、2.4b）。

B. 存在

　キチンは自然界においてセルロースについで大量に生産されている多糖類である。キチンはカニなどの甲羅を塩酸で処理して炭酸カルシウムを除き、その後精製することによって得られる。キトサンはキチンを濃アルカリで処理することによって得られる。

C. 用途

　キチンは天然の高分子化合物であり、生体適合性が高い。また、抗菌性、保湿性があり、さらに膜にすることができる。そのため、各種素材として注目されており、薬剤、化粧品、食品繊維、各種工業と多方面に利用され、その範囲は拡大を続けている。

　医療面では手術後の抜糸不要の糸、あるいは一時的な人工皮膚ともいうべき傷口被覆剤などに利用される。また、保水力の高さを利用して化粧品関係の髪、皮膚の保護剤としても利用される。抗菌性の高さからアトピー患者の下着などに利用されている（表2.4）。

図2.4a ブドウ糖からキチン質へ

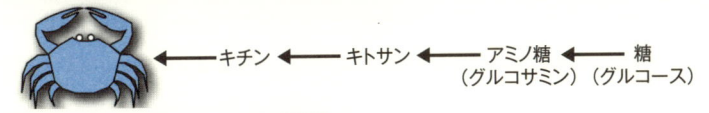

キチン ← キトサン ← アミノ糖（グルコサミン） ← 糖（グルコース）

図2.4b キチン質の構造

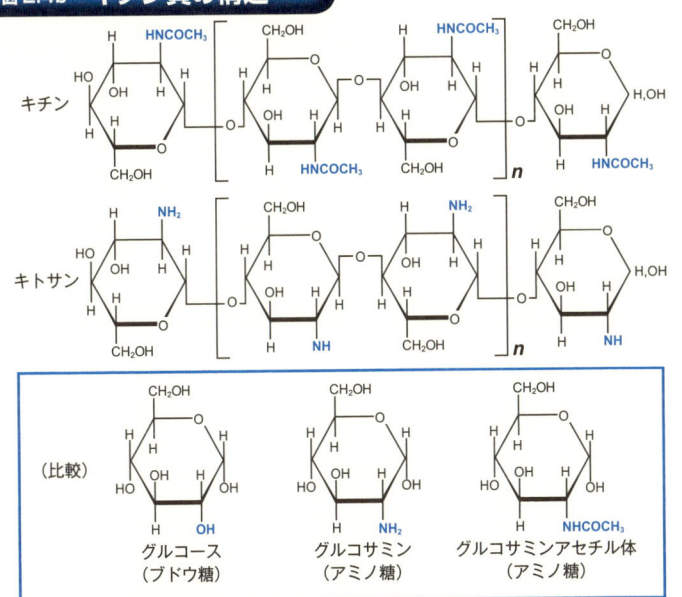

キチン

キトサン

（比較）
グルコース（ブドウ糖）　　グルコサミン（アミノ糖）　　グルコサミンアセチル体（アミノ糖）

これらの構造の関係は2-3節で見たとおりである。

表2.4 キチン質の用途

分野	機能・特性	応用
医療	生体適合性、生分解性	創傷被覆材、手術用縫合糸
化粧品	天然素材、保湿性、増粘性、製膜性	ヘアケア用品（シャンプー、リンス）スキンケア用品（素肌クリーム）
繊維	抗菌性、吸放湿性、防臭機能、抗アレルギー性	機能性繊維素材（肌着、下着）アトピー性皮膚炎対応繊維素材
環境	天然素材、吸着性、増粘性	シックハウス対応建材、消臭剤、改質材

2.5 ヒアルロン酸とは何か

2種類の単糖類誘導体が多数結合した多糖類であり、デンプンやセルロースと同様の天然高分子の一種である。

A. 構造

単糖類の一種は「グルクロン酸」であり、もう一種はアミノ糖である「グルコサミンのアセチル体」であり、キチンの構成要素と同じものである。ヒアルロン酸は、極めて長い高分子であり、分子量は100万以上あるといわれる（図2.5a）。構成単位である二糖類が数千個結合したものである。

B. 存在

皮膚、目のガラス体、鶏のトサカ、あるいは脳など、生体のうち、クッション作用を持つ部位に広く存在している（図2.5b）。軟骨ではその機能維持に極めて重要な役割をしている。最近では乳酸菌を用いて大量生産が可能になっている。

C. 用途

ヒアルロン酸はデンプンと同様に消化吸収できるため、サプリメントや健康食品として利用されることも多い。また保水力が強いので、化粧品の「保湿成分」に用いられる。

ヒアルロン酸を皮下注射すると、一時的にその部分に留まりシワを伸ばす（凹みを埋める）効果があるという。そのため、美容外科などでシワとり治療として用いられることもある（図2.5c）。

ヒアルロン酸は、関節炎や角結膜上皮障害の治療薬として利用されている。また、悪性胸膜中皮腫の検出試薬であり、胸水中にヒアルロン酸が検出された場合には悪性胸膜中皮腫に罹患している可能性が高い。

図2.5a ヒアルロン酸の構造

グルクロン酸部分　グルコサミンアセチル体部分
ヒアルロン酸

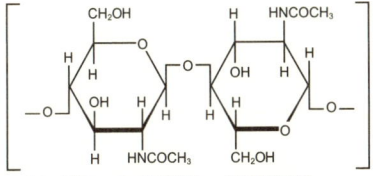

グルコース

グルコサミンアセチル体部分　（180度回転）
キチン

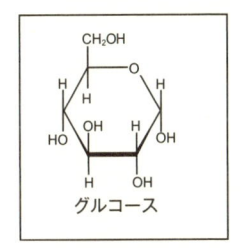

ヒアルロン酸を構成するグルクロン酸はグルコース（ブドウ糖）が変化したものである。キチンはヒアルロン酸の成分でもあるグルコサミンアセチル体のみでできたものである。

図2.5b ヒアルロン酸の所在

ヒアルロン酸は脳、水晶体、軟骨などに含まれる。また、鳥のとさかにも含まれる。

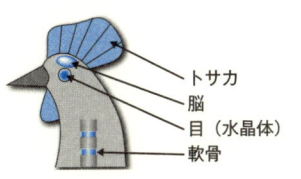

― トサカ
― 脳
― 目（水晶体）
― 軟骨

図2.5c ヒアルロン酸の吸収と注入

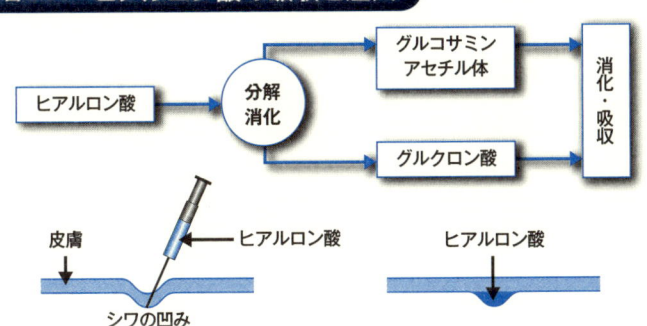

ヒアルロン酸 → 分解消化 → グルコサミンアセチル体 → 消化・吸収
　　　　　　　　　　　　→ グルクロン酸 →

皮膚　ヒアルロン酸　　　ヒアルロン酸
シワの凹み

2 健康の化学

2.6 ポリフェノールとは何か

フランス人は脂っこいものを食べるのに心臓病の死亡率が少ないという。これを「フレンチパラドックス」という。その原因は

①フランス人は赤ワインを多飲する。
②赤ワインにはポリフェノールが多く含まれる。
③したがってポリフェノールは心臓病に効く。

という短絡的な三段論法で、ポリフェノールの健康効果が喧伝された。ただし、異論を唱える研究者もあるようである（図2.6a）。

A. フェノール

ベンゼン環にヒドロキシ基OHが1個ついたものをフェノールといい、かつて消毒、殺菌剤として多用された。また、防腐剤として木材などに塗布された「クレゾール」もフェノールの一種である（図2.6b）。

B. ポリフェノール

ベンゼン環にヒドロキシ基が多数個ついたものをポリフェノールという。ポリフェノールには多くの種類があるが、主なものは次のようなものである（図2.6c）。

①フラボノイド

花、果実など植物に広く存在する色素であり、次のようなものがある。

- ●カテキン： ワイン、茶に含まれ、血圧低下に有効であるという。
- ●アントシアニン： 赤紫の色素。肝機能を改善するという。
- ●タンニン： 茶、ワインなどの渋み成分。殺菌効果があるという。多くの成分の混合物である。
- ●イソフラボン：大豆に多く、アンチエイジング作用があると

いう。

●ウルシオール：漆塗りの漆の主成分である。

②セサミン

胡麻に含まれ、アンチエイジングに有効という。

③フェノール酸

コーヒーに含まれ、代謝性の疾患に有効という。

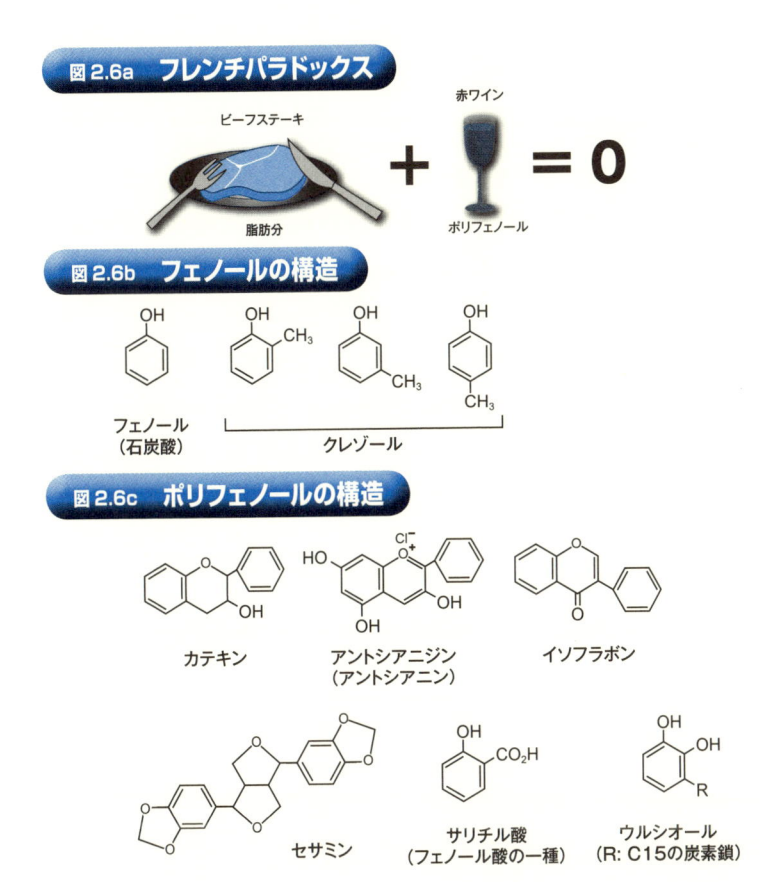

図2.6a フレンチパラドックス

ビーフステーキ ＋ 赤ワイン ＝ 0
脂肪分　　　　　ポリフェノール

図2.6b フェノールの構造

フェノール（石炭酸）　　クレゾール

図2.6c ポリフェノールの構造

カテキン　　アントシアニジン（アントシアニン）　　イソフラボン

セサミン　　サリチル酸（フェノール酸の一種）　　ウルシオール（R: C15の炭素鎖）

2.7 コエンザイムQ10とは何か

コエンザイムとは日本語で「補酵素」といわれ、酵素の働きを助ける物質であり、多くの種類がある。ある種のビタミン（B_2、B_6、パントテン酸など）も補酵素として作用することが知られている（図2.7a）。

健康に大きな影響を持つとして注目されているのが「コエンザイムQ10」（米国での名前）あるいは「ユビキノン」（日本での名前）である。

A. 構造と生合成

ユビキノンの構造は図に示したものである。6員環に2個のC=O結合がついた構造はキノン骨格といわれる。これを還元するとC=OがCHOHになる。ユビキノンの還元型を「ユビキノール」という（図2.7b）。

このことからわかるようにユビキノンは体内で「酸化還元反応」を司る補酵素として働き、細胞のエネルギー代謝に関わっている。

ユビキノンは体内で合成することができるので、ビタミンのように経口摂取する必要は無い。しかし、合成能力は20代がピークといわれている。

B. 効用

ユビキノンは軽度のうっ血性心不全の治療に薬効があることが認められている。

細胞のエネルギー収支に関係していることから、疲労回復、さらには老化防止、また「抗酸化作用」をもうたって、日本でも健康食品や化粧品に利用されている。しかし効果の実際については今後の研究に待つところが大きいものと思われる。

図2.7a 補酵素の機能

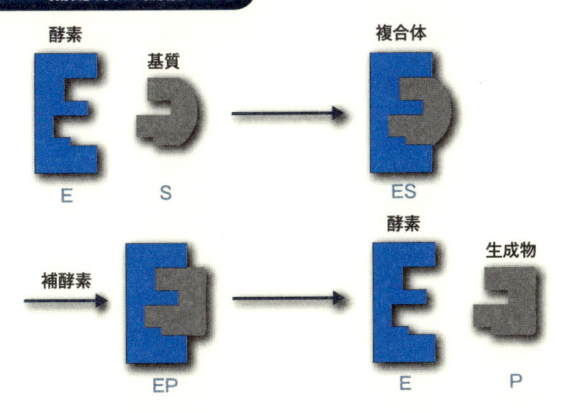

酵素は生体における化学反応（生化学反応）を助け、その速度を速める働きをするものである。酵素Ｅと反応物Ｓの関係は鍵と鍵穴の関係に似ている。ピッタリと合うものだけが酵素の助けを得ることができる。
　ＥとＳは合体して複合体ＥＳを作る。この状態でＳは生成物Ｐに変化し、したがって複合体はＥＰに変質する。そしてＥとＰは分離してもとの酵素Ｅと生成物Ｐになる。補酵素は複合体ＥＳがＥＰに変化する段階を助ける物質である。

図2.6b ユビキノンとユビキノールの構造

ユビキノン　キノン（酸化型）　⇌（還元/酸化）　ユビキノール　フェノール（還元型）

ユビキノンでは6員環に結合している酸素が二重結合＝Ｏになっている。それに対してユビキノールでは－ＯＨとなり、単結合で水素が増えている。一般に水素が増えると還元されたという。

2.8 テルペンとは何か

「テルペノイド」とも呼ばれる一群の有機化合物で、多くの種類があり、植物の精油の成分である。「森林浴」によってリフレッシュするのはテルペンを摂取したことによる効果とする説もある（図2.8a）。

松脂から得られるテレピン油からつけられた名前であり、事実、テレピン油には各種のテルペンが含まれている。

A. 種類と構造

テルペンは、イソプレン（分子式 C_5H_8）の重合したものである。したがってテルペンの炭素数は5の倍数になっている（図2.8b）。しかし、最初に見つかったテルペンの分子式はイソプレン二量体の $C_{10}H_{22}$ であったため、テルペンの分類は C10 を単位としている。

すなわちモノテルペン（C10）、セスキテルペン（C15）、ジテルペン（C20）、トリテルペン（C30）などである。なお、モノ、ジなどはラテン語の数詞であり、モノ＝1、ジ＝2、トリ＝3である。

B. 性質

①モノテルペン

芳香を持つものが多く、香水などに多用される。「メントール」はハッカの成分であり、「リモネン」は発泡スチロールをよく溶かすのでポリスチロールの回収に利用され、最近では洗剤としても注目されている（4.2節参照）。ショウノウは楠の精油であり、かつては衣服の防虫剤として多用された。

②トリテルペン

「スクアレン」はステロイド骨格生合成の中間体であり、サメの肝油にも大量に含まれる。

③テトラテルペン

「カロテン」は野菜の有色成分であり、体内で酸化的に切断されて「ビタミンA」となり、さらに酸化されて「レチナール」となり、視覚に重要な働きをする。

図2.8a　テルペンは森林浴で

図2.8b　テルペンの構造

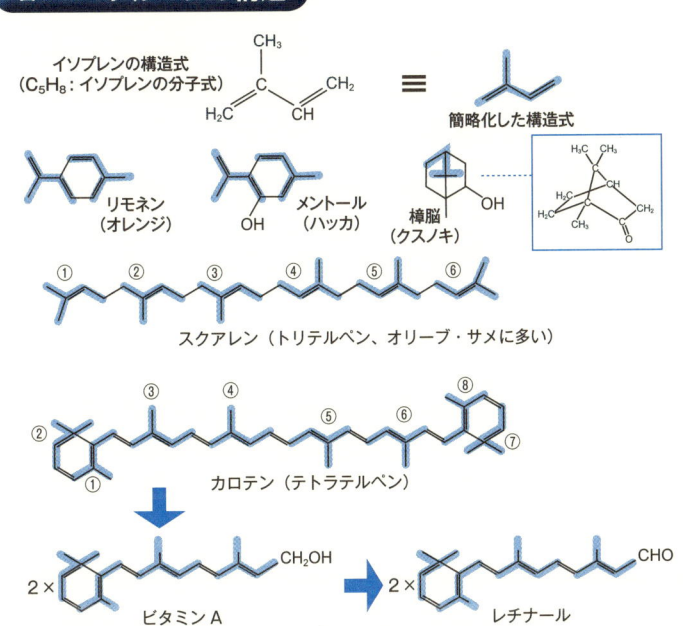

イソプレンの構造式
(C_5H_8：イソプレンの分子式)

簡略化した構造式

リモネン（オレンジ）

メントール（ハッカ）

樟脳（クスノキ）

スクアレン（トリテルペン、オリーブ・サメに多い）

カロテン（テトラテルペン）

ビタミンA

レチナール

2.9 スクアレンとは何か

　テルペンの一種であり、イソプレン骨格が6個結合したトリテルペンである。ホルモンやビタミンとして重要な「ステロイド骨格」を生合成する際の中間体である。

A. 存在

　動物に広く含まれている。人は肝臓で生合成することができるが、加齢と共にその生産量は減少するという。羊毛の皮脂に含まれるが、最も大量に含まれるのはサメの肝臓に含まれる「肝油中」である。市場に流通するスクアレンの大部分はサメの肝油から得られたものである（図2.9a）。

B. 効用

　漁業関係者の間では昔からサメの肝油が体に良いとの言い伝えがあり、滋養強壮はもとより、肝臓障害、目の老化防止、傷薬などに用いられてきた。その有効成分がスクアレンであるという。

　人体の各機能を活性化する効果があるといわれ、肝臓病などに対して有効であるという。また、表皮細胞への浸透性にすぐれているので、美肌保持に効果があるという。

C. 関連物質

①スクアラン

　スクアレンに水素を付加させて二重結合を単結合に換えたものであり、硬化油の一種である。無色の液体で、化粧品の油成分や、皮膚の保湿剤として用いられる（図2.9b）。

②ラノステロール

　羊毛の根元に付着している油分を精製したものを「ラノリン」といい、化粧品や軟膏の原料にする。ラノリンの主成分が「ラノステ

ロール」である。スクアレンがステロイド類に変換される際の中間体である。

図2.9a　スクアレンはサメ肝油から

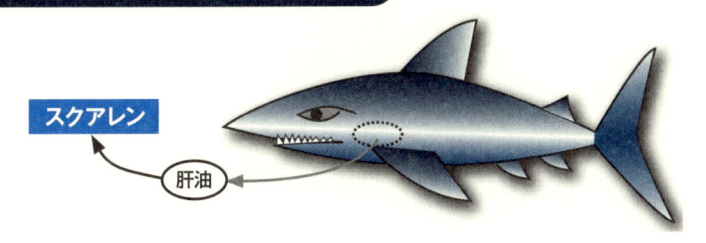

図2.9b　スクアレンの構造

スクアレン

ラノステロール

スクアラン

ステロイド骨格

　スクアレンの二重結合をすべて単結合に変えたものがスクアランである。また、スクアレンが環状構造に変化したものが羊毛に含まれるラノリンの主成分であるラノステロールである。ラノステロールには6員環3個と5員環が縮合した特有の環状構造があるが、これをステロイド骨格という。
　ステロイド骨格は性ホルモンなどにも見られ、天然物では非常に重要な骨格である。スクアレンはサメの神秘的な体力の化身でもあり、ヘミングウェイの小説「老人と海」に出てくる老人もサメの肝油を欠かさなかった。

2.10 活性酸素とは何か

　強い反応性を持つ酸素、あるいは強い反応性を持つ酸素化合物のことを活性酸素という。

A. 活性酸素の種類

　活性酸素と呼ばれる物質にはいくつかの種類がある。

　酸素原子だけでできた活性酸素には ①一重項酸素「O_2」、②スーパーオキシドアニオンラジカル「O_2^-」があり、酸素化合物には ③過酸化水素「H_2O_2」、④ヒドロキシルラジカル「$HO·$」がある。なお、オゾン「O_3」、一酸化窒素「NO」、二酸化窒素「NO_2」をも活性酸素に含めることもある (図2.10a)。

B. 活性酸素の発生と消滅

　活性酸素はいろいろの条件で発生する。一重項酸素は、適当な触媒物質が存在する条件で酸素分子に光を照射すると発生する。その他のものは喫煙、大気汚染などによって生じるとされる。また、激しいスポーツ、加齢、ストレスなどによっても発生するという説もあるようである (図2.10b)。

C. 活性酸素の性質

　活性酸素は「高エネルギー」であったり (①)、反応性の激しい「不対電子」を持ったり (②④)、あるいは「原子状態の酸素」を発生させたりする。そのため、活性酸素は反応性が激しく、強い「酸化作用」をもつ。生物にとっては有毒であるとされる。しかし、活性酸素と老化の間には関係が無いとの研究報告もある。

　生体内で発生した活性酸素は酵素、あるいは「抗酸化物質」と呼ばれる一群の化合物によって分解、あるいは安定化されることが多い (図2.10c)。

図2.10a 活性酸素の構造図

- 普通の酸素分子
- 一重項酸素分子
- スーパーオキシドアニオンラジカル
- 過酸化水素
- ヒドロキシラジカル（過酸化水素の半分）

一重項酸素は普通の酸素の高エネルギー状態と考えることができる。そのため、酸化作用をはじめ、各種の反応性が高い。スーパーオキシドアニオンラジカルは普通の酸素より電子が1個多く、反応性が高い。

図2.10b 活性酸素が細胞を痛める

健康な細胞 → 傷んだ細胞

活性酸素

図2.10c 抗酸化物質は活性酸素を安定化する

活性酸素 →（抗酸化物質）→ 通常の酸素

2.11 抗酸化物質とは何か

「活性酸素」を除く作用のある物質を抗酸化物質という（図2.11a）。抗酸化物質には多くの種類があり、多くの植物をはじめ、ビタミンC、ビタミンE、ベータ・カロテン、ビタミンAや酵素のカタラーゼなどが知られている。

A. ORAC

活性酸素を吸収除去する能力を数値化したものとして、「活性酸素吸収能力」ORAC (Oxygen Radical Absorption Capacity) がある。ORACが高いほど抗酸化力が強い。いくつかの野菜、果物のORACを表に示した。ブルーベリー、イチゴ、ほうれん草などが高い数値を持っていることがわかる。

アメリカでは一日の必要摂取量は3,500 ORACといわれているが、実際の平均摂取量は必要量の1／3ほど（1,250 ORAC）といわれる。日本人の場合は、アメリカ人と比べて野菜、果物の摂取量が少ないことから、ORACはさらに少ないことが予想される（図2.11b）。

B. 効能

抗酸化作用は老化防止（アンチエイジング）と結びつき、体調維持、老化防止、若返り、勢力増強、美肌効果と、幾多の効用がうたわれている。しかしその効果を立証するのは未だ時間が掛かるようである。

ビタミンA、Cなどの「抗酸化ビタミン」は酸化ストレスを抑制する、とされているが科学的根拠は立証されていない。

ベータ・カロテンでは逆に、過剰摂取によって癌や心血管死のリスクを増す可能性が指摘されているという。

図2.11a 抗酸化物質の効果

活性酸素

抗酸化物質
植物、ビタミンA、ビタミンC、ビタミンE、ベータ・カロテン、カタラーゼ etc.

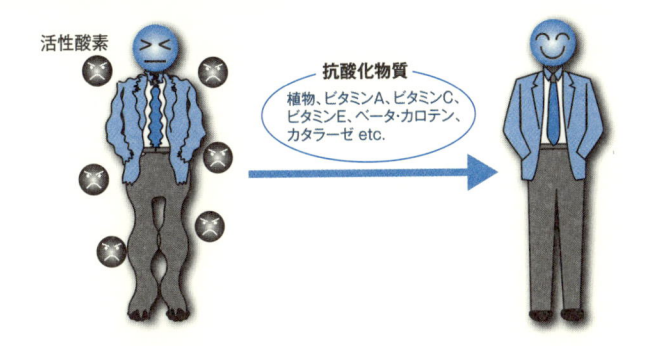

図2.11b 活性酸素が細胞を痛める

果物	（ORAC）	野菜	（ORAC）
ブルーベリー	60	ほうれん草	25
イチゴ	35	ブロッコリー	15
リンゴ	25	タマネギ	10
バナナ	10	カボチャ	5

理想的米国人
3500 ORAC

実際的米国人
1250 ORAC

日本人
? ORAC

2 健康の化学

COLUMN 02

光の種類

　光は電波と同じ電磁波の一種であり、波長と振動数を持っている。光はエネルギーを持っており、そのエネルギーは振動数に比例し、波長に反比例する。

　図は電磁波をエネルギーの大小で区別したものである。図の左側がに行くほど高エネルギー（高振動数、短波長）である。人間が光として認識できる可視光線は、波長で400～800nm（ナノメートル）の電磁波である。この中に虹の七色がすべて入っており、右から順に赤燈黄緑青藍紫である。

　可視光線より高エネルギーなのが紫外線であり、日焼けの原因である。更に高エネルギーなのはレントゲンに用いるX線であり、ガンマ線は放射線であり、殺人光線である。

　赤外線はエネルギーが低く、当たると熱く感じるので熱線とも呼ばれ、炬燵に用いられる。さらに長いとマイクロ波、短波、長波の電波となる。

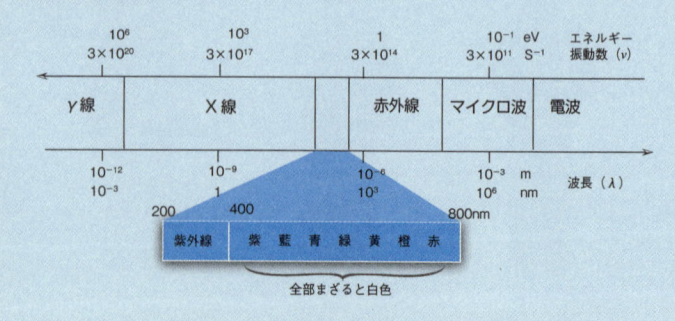

エネルギー	10^6 / 3×10^{20}	10^3 / 3×10^{17}	1 / 3×10^{14}	10^{-1} eV / 3×10^{11} S^{-1}	振動数 (ν)
	γ線	X線	赤外線	マイクロ波	電波
波長 (λ)	10^{-12} / 10^{-3}	10^{-9}	10^{-6} / 10^3	10^{-3} / 10^6	m / nm

200　400　　　　　　　　　　　　800nm

紫外線 ｜ 紫 藍 青 緑 黄 橙 赤

全部まざると白色

第3章
色・光・香の化学

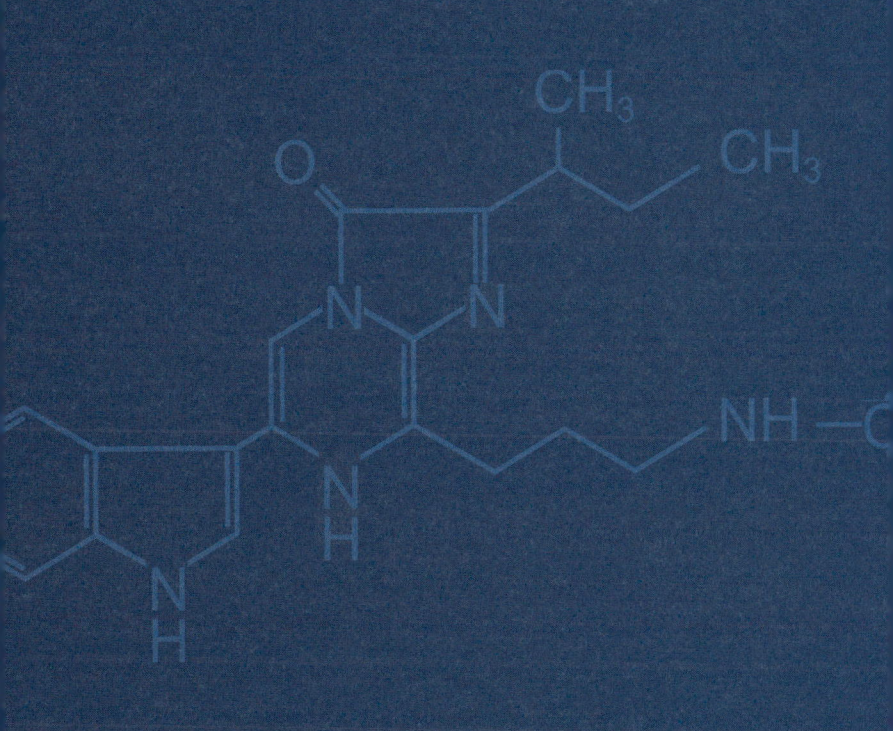

3.1 花火とは何か

　花火は音と光の芸術である。花火は火薬の爆発力によって金属化合物を飛散させ、同時に金属化合物の「炎色反応」によって色彩光を発光させるものである。

　花火には音だけを目的とする爆竹、線香花火やネズミ花火のような玩具、伝統的な打ち上げ花火、各種の花火を組み合わせた仕掛け花火などがある。

A. 構造

　打ち上げ花火は導火線のついた球であるが、その構造は二重構造になっている。打ち上げ花火の基本は「星」と呼ばれる球形の小物体である。この星を、和紙を貼り合わせて作った半球形の内部に何重にも渡って整然と敷き詰める (図3.1)。

　同じ物を2個つくり、最後に球の中心なる部分に炸薬（割薬）を詰めて、2個の半球を張り合わせて球とする。球の外部と中心の炸薬は導火線で結ぶ。星の並べ方によって咲いた花火の形が決まる。

　この花火を筒にいれ、爆薬によって空中に打ち上げると導火線に火が着き、炸薬が爆発して星が固有の形に飛び散り、飛び散った星が固有の色彩を発揮して同心円状の美しい花火となる。

B. 色彩

　花火の色彩を決めるのは星である。星は可燃剤（木炭、いおうなど）に炎色剤を混ぜたものである。炎色剤は各種の金属塩であり、金属塩は加熱されると炎色反応によって固有の色彩光を発光する。花火は金属塩の炎色反応を用いた工芸品である。炎色反応はスペクトルの一種であり、金属原子中にある電子の性質を反映したものである。典型的な原子が示す炎色反応の色を 表3.1 に示した。

図3.1 花火は炎色反応の芸術

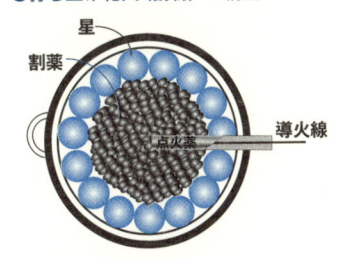

●打ち上げ花火(割物)の構造

星
割薬
点火薬
導火線

●炎色反応

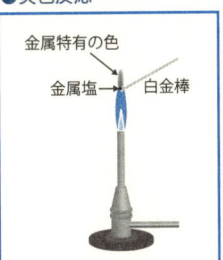

金属特有の色
金属塩 → 白金棒

表3.1 金属塩の炎色反応の色彩

色彩	元素
赤	リチウム(Li)、ルビジウム(Rb)、ストロンチウム(St)
橙	カルシウム(Ca)
黄	ナトリウム(Na)
緑	バリウム(Ba)、タリウム(Tl)
青	銅(Cu)、ガリウム(Ga)
藍	インジウム(In)
紫	カリウム(K)、セシウム(Cs)、ホウ素(B)

3 色・光・香の化学

3.2 蛍光灯とは何か

「白熱灯」はタングステン W の針金に電気を流して加熱し、その結果出る光を利用するものである。それに対して蛍光灯は全く原理の異なるものである。蛍光灯は水銀灯を基にしたものである。

A. 水銀灯・ネオンサイン・ナトリウムランプ

水銀灯は公園などにある青白い光を放つランプである。水銀灯の中には金属の水銀 Hg が入っている。スイッチを入れると水銀が加熱されて気体（水銀蒸気）となる。

原子には「電子」があり、電子は「軌道」に入っている。軌道には固有の「エネルギー」がある。水銀蒸気の原子に電気エネルギーを与えると、水銀の電子がエネルギーを受け取り、より高エネルギーの軌道に移動する。しかし、この状体は不安定なので、電子は元の低エネルギー軌道に戻る。このとき余分のエネルギーを光として放出するのである。これが水銀灯の発光原理である。水銀の出す光は、水銀の蒸気圧による。水銀灯は水銀蒸気圧を高くしているので（高圧水銀灯）、「可視光線」を発光する（図 3.2a）。

水銀の代わりにナトリウム Na を用いたものがトンネルなどにあるオレンジ色の光を出す「ナトリウムランプ」であり、ネオン Ne を用いたものが赤い光の「ネオンランプ（ネオンサイン）」である。

B. 蛍光灯

蛍光灯の本体は水銀灯である。しかし蛍光灯の水銀蒸気圧は低い（定圧水銀灯）ので、「紫外線」を発光する。

蛍光灯のガラス管の内側には「蛍光物質」が塗ってある。そのため水銀から発した紫外線が蛍光物質に当たり、蛍光物質が可視光線を出して発光するのである（図 3.2b）。

図3.2a 水銀灯の発光のしくみ

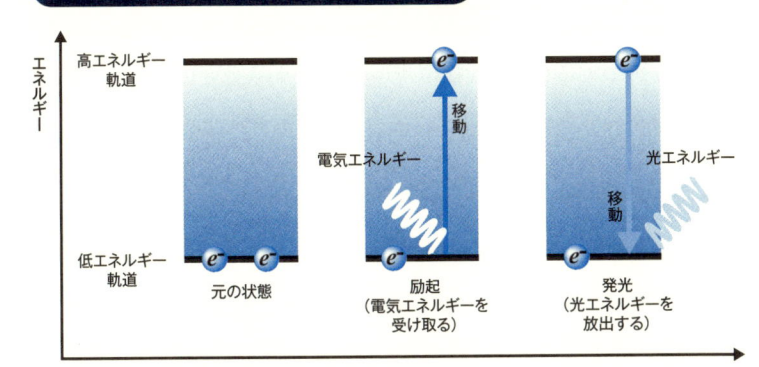

低エネルギー軌道にいる電子は電気エネルギーをうけとり、高エネルギー軌道に移動する。しかし、電子はまた低エネルギー軌道に戻る。このとき、余分のエネルギーを光として放出する。結局、電気エネルギーを光に換えたことになる。

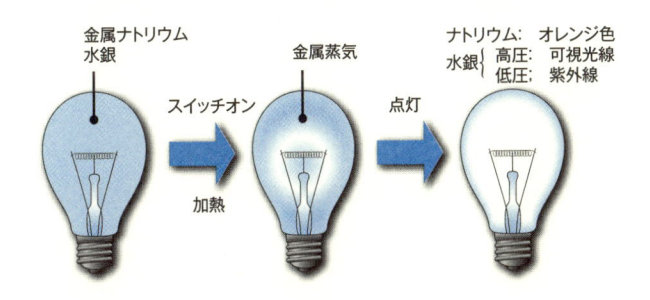

ナトリウム： オレンジ色
水銀 高圧： 可視光線
　　 低圧： 紫外線

図3.2b 蛍光灯の発光のしくみ

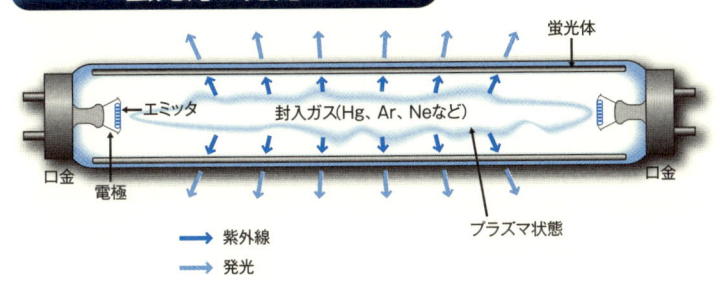

→ 紫外線
→ 発光

3 色・光・香の化学

3.3 化学発光とは何か

　化学物質の反応によって起こる発光を化学発光という。化学発光や、生物が発光する生物発光は熱を伴わない発光なので「冷光」ということもある。

A. 原理

　発光は電子の移動に基づくものである。分子は電子を持ち、それを種々の軌道に収納している。「普通の状態（基底状態）」の分子Aは電子をエネルギーの低い軌道に収納している。分子にエネルギーを与えると電子がエネルギーを受け取り、より高エネルギーの軌道に移動して「高エネルギー状態（励起状態）」A^*となる。

　高エネルギー軌道に移動した電子が元の低エネルギー軌道に戻るときには余分のエネルギーを放出するが、このエネルギーが光となったものが発光現象である。

B. 化学発光

　基底状態の分子を励起状態にするためにはエネルギーが必要であるが、このエネルギーを化学反応で供給するのが化学発光であり、電気なら電気発光、生物エネルギーならば「生物発光」となる。

　化学発光には多くの種類があるが、1つの例は分子の分解にもとづくものである。図3.3の分子A_2は高エネルギーである。ところがA_2が分解して生じるAは低エネルギーの分子である。したがって分解に伴って多くのエネルギーが放出される。このエネルギーを1個のAが受け取ると、Aは励起状態A^*になることができる。

　すなわち、A_2が分解すると基底状態のAと励起状態のA^*が生成するのである。このA^*が基底状態のAに落ちるときに余分のエネルギーを光として発光するのである。

表3.3　発光とエネルギー

種類	エネルギー	例
電気発光	電気エネルギー	ナトリウムランプ、蛍光灯、発光ダイオード、有機EL、ブラウン管TV
光発光	光エネルギー	時計の蛍光文字盤、蛍光塗料
化学発光	化学エネルギー	お祭りなどで売られている光るブレスレット
生物発光	生物エネルギー	ホタル、夜光虫、オワンクラゲ、チョウチンアンコウ

＊ネコの目やある種のヒカリゴケが光るのは外光を反射しているのであり、それ自体が光を出している（発光している）のではない。

図3.3　化学発光の機構

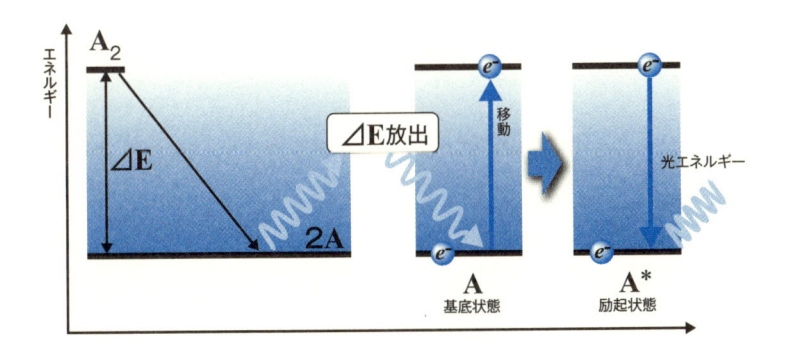

$$A_2 \longrightarrow \underset{\text{基底状態}}{A} + \underset{\text{励起状態}}{A^*}$$

励起状態
$$A^* \longrightarrow A + 光$$

3.4 生物発光とは何か

　発光は励起状態の分子にある高エネルギー軌道の電子が低エネルギー軌道におち、基底状態に戻るときに余分のエネルギーを光として放出する現象である。基底状態の分子を励起状態にあげるときのエネルギーにはいろいろのものが考えられるが、生物エネルギーを用いるものを生物発光という。

A. 原理

　生物発光では発光物質を「ルシフェリン」という。ルシフェリンの構造は生物によって異なる。したがって、ホタルイカルシフェリンとかゲンジボタルルシフェリンとか、発光する生物の種類と同じ数だけの異なった種類のルシフェリンがある。

　ルシフェリンは酸素と結合して高エネルギー状態となる。この反応は酵素の働きによって進行する。この酵素を「ルシフェラーゼ」と呼ぶ。ルシフェリンと同様にルシフェラーゼも生物の種類によって異なる。

　したがって生物発光は簡単にいうと、ルシフェラーゼの作用によってルシフェリンが発光する現象ということになる（図3.4a）。

B. 実例

　図3.4bの分子は海ホタルのルシフェリンである。これの大切な部分だけをピックアップしたものがAである。これが酵素ルシフェラーゼ存在下で酸素と反応するとBとなる。Bは二酸化炭素CO_2を外すことができるので、CO_2を外してCになる。そしてBからCになるときにエネルギーを放出する。このエネルギーをCが吸収して励起状態C^*になるのである。C^*は光を放出してCになる。Cは化学反応の後に再びAに戻るのである。

図3.4a 生物発光とエネルギー

$$\text{ルシフェリン} \xrightarrow[\text{ルシフェラーゼ}]{O_2} \text{オキシルシフェリン（高エネルギー状態）} \Rightarrow \text{発光}$$

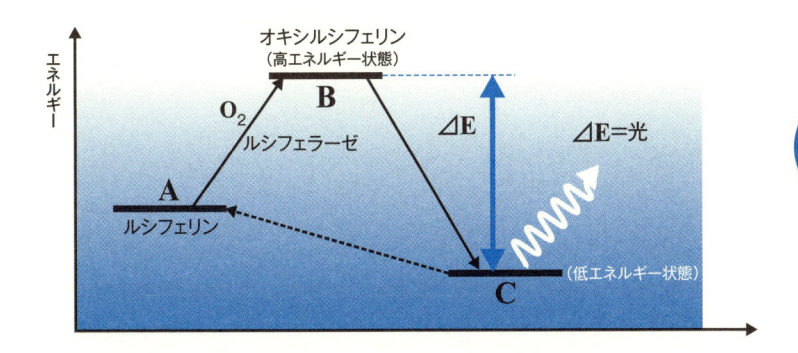

図3.4b ウミホタルの発光のしくみ

ウミホタルは刺激を受けるとウミホタルルシフェリン（A、発光物質）とウミホタルルシフェラーゼ（酵素）を別々の器官から海水中に放出する。この2つが反応すると青白い光を出すが、このとき酸素を必要とする。

3.5 ケイ光・リン光とは何か

　ケイ光もリン光も発光である。分子が光エネルギーを吸収し、そのエネルギーの一部を再度、光として放出する現象である。ケイ光とリン光の違いは、光を吸収してから発光するまでの時間である。ケイ光は長くても 10^{-3} 秒程度である。それに対してリン光では 10 秒程度におよぶものもある。

A. ケイ光

　「基底状態」で低エネルギー軌道に入っていた電子は、光エネルギーを吸収して高エネルギー軌道に移動し、「励起状態」となる。高エネルギー軌道の電子が再度、元の低エネルギー軌道に戻るとき、余分のエネルギーを光エネルギーとして放出するのがケイ光である (図 3.5a)。

B. リン光

　リン光の発光機構は途中までケイ光と同じである。すなわち、光エネルギーを吸収して高エネルギー軌道に移動する。

　リン光の場合にはこの電子はさらに移動して「準安定軌道」に入る。しかしこの移動は、本来は許されない「禁制移動」である。そのため、移動には時間がかかる。この電子が最初の軌道に戻るときにリン光を発光することになる。しかし、この移動がまた禁制のため、時間がかかる。このように、リン光では電子の移動に時間のかかる過程が 2 回あるため、光吸収から発光まで時間がかかるのである。

C. 発光持続時間

　これは発光分子を照らす光を遮断したのち、どれだけの時間発光が持続したかを見るとすぐわかる (図 3.5b)。ケイ光は、遮断と同時に消光する。しかし、リン光の場合には数秒間持続する。また、

発光された光の波長はリン光の方がケイ光よりも長くなる。

図3.5a　ケイ光、リン光の発光機構

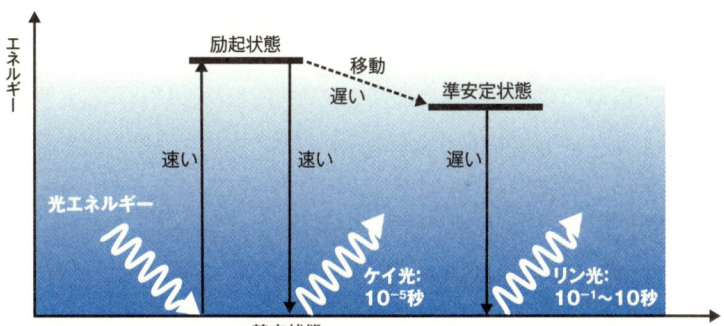

電子が低エネルギー軌道にいる状態を基底状態という。そして電子が高エネルギー軌道に移動した状態を励起状態という。励起状態から直ちに発光する現象をケイ光(発光)という。この発光は何の問題もなく進行するので、エネルギー吸収から発光まで10^{-5}秒程度の短時間で起こる。

しかし、励起状態が準安定状態に移動し、ここから発光が起こることがある。これをリン光(発光)という。ただし、準安定状態への移動は禁制なので、移動に時間がかかる。そのため、リン光はエネルギー吸収から発光までの時間が10秒程度の長時間になることもある。

図3.5b　ケイ光とリン光の発光持続時間の違い

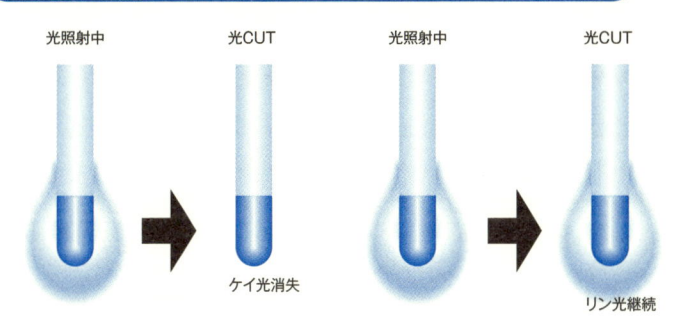

3.6 有機ELとは何か

ELはelectro-luminescence（電子発光）の略である。有機ELは電気を流すと発光する有機物のことである。

A. 構造

有機ELは、陽極と陰極の間に3種類の有機物を層状にしてサンドイッチしたものである。すなわち、陰極－電子輸送物質層－発光物質層－正孔輸送物質層－陽極（透明電極）の順である。

電流によって陰極からきた「電子」は、「電子輸送物質」を経由して「発光物質」に伝えられる。また陽極から来た「正孔」は「正孔輸送物質」を経由して発光物質に伝えられる。この結果、発光物質で電子と正孔が合体し、発光物質は励起状態（高エネルギー状態）となる。この励起状態が「基底状態」（安定状態）に落ちるときに、そのエネルギー差が光として放出されるのである（図3.6a）。すなわち、電気エネルギーが直接的に光になるのである。

B. 長所

有機ELの最大の特徴は電気エネルギーを直接、光エネルギーに変換できることである。このため、「エネルギー効率」が高くなる。

実用的には極薄の発光体が可能なことである。具体的にはフィルムの厚さのフィルムテレビができることである。液晶テレビは発光パネルと液晶パネルの2層構造である。そのため、薄型とはいえ、数cmの厚さがある。それに対して有機ELテレビは、ペンキのように塗り重ねた3層の有機物に過ぎない。不用のときには丸めて筒に収納するフィルムテレビが可能となる（図3.6b）。

さらに凹凸のある物質に塗ることもできる。自動車などに塗ってカメレオンのように変色することも可能である。

図3.6a 有機ELの発光のしくみ

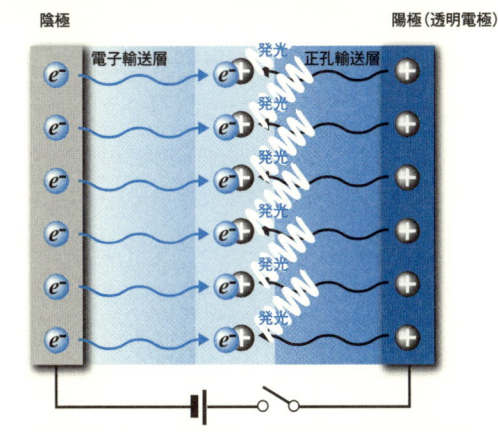

陰極　　　　　　　　　　　　　　　　陽極（透明電極）

電子輸送層　　発光　　正孔輸送層

陰極から電子輸送層を通ってきた電子と、陽極から正孔輸送層を通ってきた正孔が発光層物質上で合体し、そのときに生じる電気エネルギーが光エネルギーとして発光する。

励起状態
（高エネルギー状態）

電子

発光

正孔

基底状態
（安定状態）

電子輸送物質　　　発光物質　　　正孔輸送物質

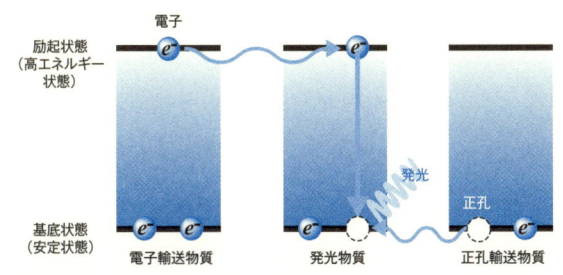

図3.6b 丸めて収納できるフィルムテレビも可能に

ソニーが2007年に開発の成功を発表した、折り曲げることができる有機ELディスプレイ。折り曲げながら、フルカラー表示で動画の再生も可能。

〔写真提供／共同通信社〕

3.7 色素とは何か

色素は可視光線を吸収する分子である（図 3.7a）。

A. 色彩と二重結合

分子は光を吸収するが、実際に光を吸収するのは原子と原子の結合した結合部分である。各結合はそれぞれ固有の波長（固有のエネルギー）の光を吸収するが、可視光を吸収するのは「二重結合」である。

分子が色彩を持つためには可視光線を吸収することが必要である。したがって、分子が色彩を持つためには二重結合を持つことが必要となる。そして、可視光線のうち、どの色を吸収するかは分子の持つ二重結合の状態によって決定される。多くの二重結合が連続すると分子は赤くなり、さらに青くなる。反対に二重結合が少ないと黄色、さらには無色になる。

B. 色素

「カロテン」はニンジンやトマトに含まれる色素である。二重結合が11個並び、赤い色をもつ。カロテンが体内に入ると二分される形で分解され「ビタミンA」となる。ビタミンAでは二重結合は5個に減る。このためビタミンAの色は黄色である（1.10参照）（図 3.7b）。

紅花の色素は「カルタミン」であり、多くの二重結合を持っている。ジーンズの青は「インジゴ」の色であり、植物の藍に含まれる（1.17参照）。インジゴに臭素が着くと二枚貝に含まれる「貝紫」の色になる。

2個のベンゼン骨格がN=N結合で連結されたものは一般に「アゾ染料」といわれ、さまざまな色彩を発色することができる。

分子構造と色彩は微妙な関係にある。ナフタレンとアズレンはともに分子式 $C_{10}H_8$ であり、二重結合数5個、環の個数2個であるにもかかわらず、ナフタレンは無色であり、アズレンは青色である。

図3.7a 色とは何か

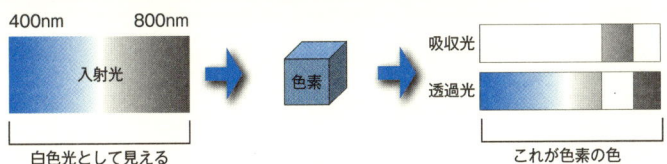

400nm 800nm
入射光
白色光として見える

色素

吸収光
透過光
これが色素の色

光は電磁波の一種であり、波長と、波長に応じたエネルギーを持っている。波長が 400 ～ 800nm の光が全部揃うと白色光になる。しかし、この光の一部が物質 A に吸収されると、目に届くのは残りの光となる。この、残りの光の色をわれわれは物質 A の色と認識する。吸収された光の色と、残った光の色は色相環で表される。すなわち、例えば赤が吸収されると、残った光は色相環において中心を挟んで反対側の青緑に見える。これを赤の補色という。

色相環
赤紫(750) / 赤(640) / 黄赤(600) / 黄(580) / 黄緑(565) / 緑(515) / 青緑(495) / 青(470) / 青紫(440) / 紫(420)
吸収された光 / 見える色

3 色・光・香の化学

図3.7b 色素の構造式

カロテン（暗赤色）

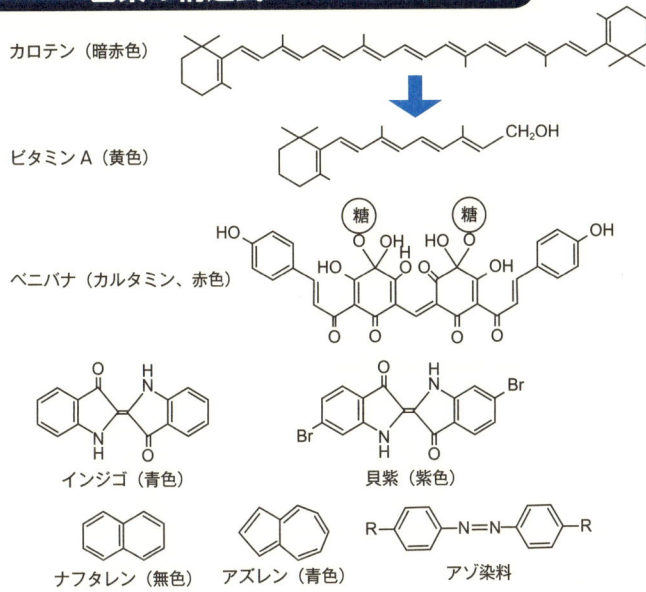

ビタミン A（黄色）

ベニバナ（カルタミン、赤色）

インジゴ（青色）

貝紫（紫色）

ナフタレン（無色）　アズレン（青色）　アゾ染料

85

3.8 染料とは何か

　水彩絵の具でハンカチに絵を描いても、洗えば落ちる。水彩絵の具は色を持つ塗料であるが染料ではない。

A. 染料

　染料でハンカチに染めつけた絵は何回洗っても落ちることはない。顔料と染料の違いはその「堅牢性」にある。繊維に堅牢な色をつけることのできるもの、それが染料の定義である（図3.8a）。

　繊維は高分子であり、染料は分子である。高分子と普通の分子をしっかりと結びつけるには両者を化学結合で結合するのが一番である。しかし、そのような方法は不可能ではないが困難である。そのため、いろいろの方法が講じられる。

B. 藍染め

　水彩絵の具の絵が洗うと落ちるのは、水彩絵の具が「水溶性」だからである。水に溶けるから洗うと落ちるのである。しかし、水に溶けなければ染料に染めつけることはできない。

　この難問を解決したのが「建て染め」である。建て染め染料は、染めるときには水溶性である。しかし、色はない。しかし、繊維に染みつくと「不溶性」となり、同時に発色する。そのような都合のよい分子が藍染めの染料「インジゴ」である。

　インジゴは染めるときにはロイコ型インジゴであり、水溶性であるが色がない。しかし酸素に触れると酸化されてインジゴとなり、青く発色すると同時に不溶性となるのである（図3.8c）。そのため、水溶性の時に繊維の隙間に潜り込んだ染料は、不溶性となると隙間から出ることができなくなる。このようにして繊維はインジゴによって青く染まるのである。

表3.8a 染料・顔料・塗料の違い

種類	特色	例
顔料	色彩をもつ物質	カドミウムイエロー、宝石の粉（炭絵の具）
塗料	顔料を油などにまぜ、物質の表面に付着するようにしたもの	ペンキ、絵の具
染料	顔料に化学的な修飾を加え、繊維に結合または付着するようにしたもの	インジゴ、貝紫

図3.8b 藍染めのしくみ

絵の具で書いた絵は水で洗うと落ちてしまう。しかし染料で染めた絵はおちることがない

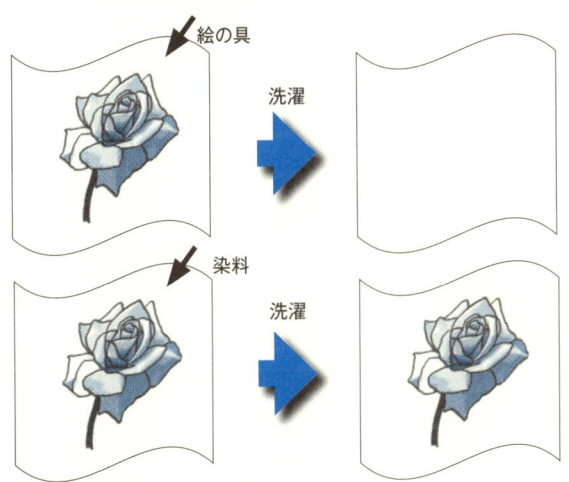

図3.8c インジゴの発色

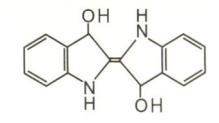

ロイコ型インジゴ（無色）
水溶性

インジゴ（青色）
不溶性

3 色・光・香の化学

3.9 ケイ光染料とは何か

　綿の花から紡糸したばかりの生成り（きなり）の木綿は、黄色味を帯びている。また、漂白した木綿でも純白ではなく、いくらかの黄色味を帯びている。このような木綿のシャツを真っ白に見せるため、昔は薄い青に染めたこともあった。しかしこれでは全体に沈んだ色調になり、輝くような白にはならない。

A. 原理

　このような用途のために発見、開発されたのがケイ光染料である。普通の色素は光を吸収する。何も吸収しない分子は無色である。ケイ光染料は反対に光を発する、発光するのである。

　1929年、セイヨウトチノキの樹皮から得られた「エスクリン」が青い光を発光することが発見された。これは「ケイ光」である。そこでこの物質で木綿を染めたところ、青い光が木綿の黄色を覆い隠し、輝くように真っ白に見えた（図3.9a）。これがケイ光染料の始まりといわれる。

B. ケイ光染料の種類

　ケイ光染料の研究は進み、現在では何種類ものケイ光染料が開発合成されている。また、ケイ光染料の用途も服地だけでなく、紙などにも盛んに用いられている。多くの「白紙」には、より白く見せるという目的のために、ケイ光染料がケイ光増白剤などの名前で混入されている。

　しかし、ケイ光染料の多くは「ベンゼン骨格」を含み、健康への影響が懸念される。そこで食品衛生法では食品、食品包装紙、紙ナプキンへのケイ光染料の使用を禁止している。

図3.9a ケイ光染色のしくみ

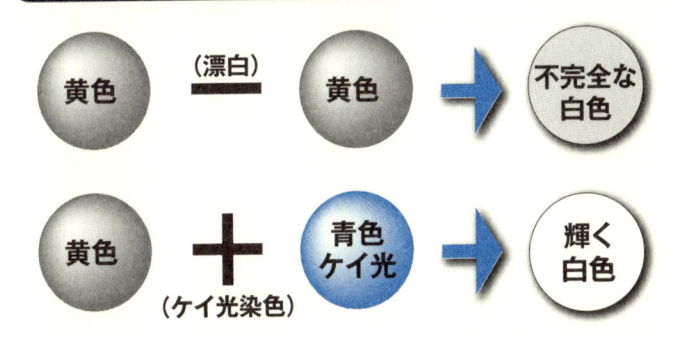

黄色 −(漂白) 黄色 → 不完全な白色

黄色 +(ケイ光染色) 青色ケイ光 → 輝く白色

本来の漂白は、布に着いた黄色っぽい汚れを取り去るものであり、それは「黄色―黄色」である。しかし、人間の目はそれだけでは「輝くような白」には感じない。そのために加えるのが「青色ケイ光」である。これによって白はマスマス白く見えるのである。

図3.9b ケイ光染料の構造式

エクスリン

ホワイテックス

ミカワホワイト

エオシン

ローダミン

ここに示した例でも、すべてベンゼン骨格を持っている。

3.10 塗料とは何か

　金属や木材の表面に塗布し、素材を腐食や劣化から保護して堅牢にすると同時に、美しく飾るものを塗料という。

A. 成分

　塗料の成分は3つある。①顔料、②溶剤、③塗膜成分である。3成分すべてを含むものがペンキ、エナメルなどの「有色塗料」、②と③のみを含むものがワニスなどの「無色透明塗料」である。

　①顔料の多くは化学的に合成したものである。②溶剤は塗料を薄めてあつかいやすくするものであり、最初から含まれているものと、後から加えるものとがあるが、成分はほぼ同じである。③塗膜成分は高分子、もしくは高分子の原料である。

B. 塗膜の生成

　塗膜の生成法は大きく2つに分けることができる。

　(1) 塗膜成分が溶けているもの：ラッカー

　塗膜成分を溶剤に溶かしたものである。塗布した後、溶剤が蒸発すると塗膜が素材の表面に残る。塗膜は再度、溶剤に溶ける。

　(2) 塗布した後に塗膜ができるもの

　塗膜の原料が溶けており、塗布後、原料が反応して塗膜となる。生成した塗膜は溶剤に溶けず、堅牢である。

　a. 一液型：ワニス

　成分の高分子が塗布後、橋架け構造をつくり、溶剤に不溶となる。

　b. 二液型：ポリウレタン、エポキシ

　塗膜の主成分となる物質と、それを橋架け硬化させるための物質の2種類を混ぜることによって化学反応が起き、塗膜が形成されるもの。最も堅牢で美しい。

図3.10a 塗料の働き

家、タワー、船など、多くのものの外装には塗料がほどこされている。塗料はこのように、私たちの生活の道具のほとんどすべてを包み込んで、腐食などから守っている

図3.10b 塗料の成分と塗膜の成分

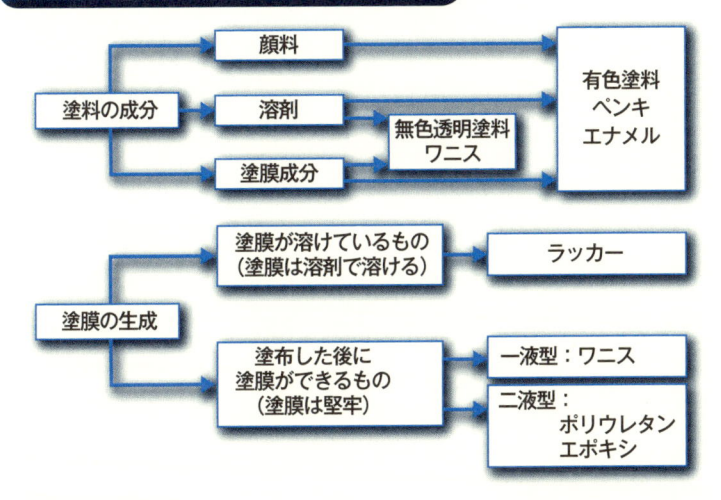

塗料の成分
- 顔料 → 有色塗料 ペンキ エナメル
- 溶剤 → 無色透明塗料 ワニス
- 塗膜成分

塗膜の生成
- 塗膜が溶けているもの（塗膜は溶剤で溶ける） → ラッカー
- 塗布した後に塗膜ができるもの（塗膜は堅牢）
  - 一液型：ワニス
  - 二液型：ポリウレタン エポキシ

健康関係で問題視されることの多いシンナー（thinner）は、薄めるものという意味で、ここでいう溶剤に相当する。

3 色・光・香の化学

3.11 うるしとは何か

　うるしの幹に傷をつけることによって分泌される樹脂を用いた天然塗料であり、天然高分子である。うるし塗りは堅牢で美しい日本の伝統工芸であり、英語で「ジャパン」といわれるなど日本を代表する美術である。

A. 構造

　うるしは天然塗料であり、種々の成分の混合物であるが、主成分は「ウルシオール」という、ベンゼン環にヒドロキシ基 OH が 2 個ついたカテコール誘導体である。3 位に C15 ほどの置換基がつくが、これがうるしの産地によって異なる。

　ウルシ分子は「ラッカーゼ」という酵素の作用により、酸化されて「キノン誘導体」となり、これが他の分子を攻撃して 2 個が連結した二量体となる。同様の反応が次々と進行すると、ウルシオールが三次元に連なった高分子ネットワークができあがる。

　このように、酵素の作用で高分子化が進むため、うるしの硬化には適度の湿気、温度と長期の時間が必要となる。

B. 技法

　うるし塗りにはさまざまな技法があるが大きく分けると、塗り、蒔絵、彫漆になる。塗りは、透明なうるしや色素をまぜたうるしを塗るものである。蒔絵は、素材に塗ったうるしが固化する前に金粉などをまくものである。うるしが固化すると金粉が固定される。彫漆はうるしを厚く塗り、そのうるし層に彫刻を施すものである。浅い線状に彫り、そこに金粉を刷り込むと「沈金」になる。また何色もの色漆を塗り重ね、その上から彫ると深さによって異なる色彩が出る。これを「紅花緑葉」という。

図3.11a うるしの採集

ウルシオールはベンゼン環に複数個の OH がついたものであり、ポリフェノールの一種である。うるしはうるしの木から出るウルシオールを主成分とする樹液を塗布、固化したものである。しかし、固化する前のうるしは毒性が強く、かぶれると命に関わることがあるという。そのため、うるしの樹液の採集を職業とするうるし掻き職人は、特殊な体質を持った人しかなれず、それだけに、うるし栽培者から大層手厚くもてなされたという。

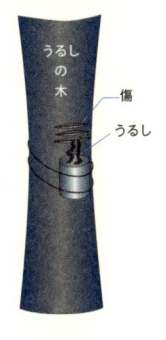

図3.11b ウルシオールの高分子化

ウルシオール部分

ウルシオールが酸化されるとキノン誘導体になる。これは反応性が高いのでウルシオールと反応して、結局ウルシオーが2個結合した形の分子になる。この反応が次々と繰り返されると、ウルシオールを単位分子とする高分子ができることになる。これが、ウルシの皮膜が硬い理由である。

3.12 香りと香料

　香りは鼻の粘膜にある「嗅細胞」と「香り分子」の相互作用によって、嗅細胞の分子膜に引き起こされる化学反応に基づくものと解釈されている。嗅細胞に香り分子が吸着することによって「神経伝達物質」が放出され、それを神経細胞が脳に伝達し香りが識別される。

A. 香り分子

　香り分子は千差万別であるが、分子構造と香りの間に密接な関係があることは確かなようである。よく知られた例はムスコンの例であろう。ムスコンは「麝香鹿」(ジャコウジカ)の雄の生殖腺から取れる香り成分であり、古来、薫香(ムスク)の典型ともてはやされるものである。しかしその分子構造はあっけないほど単純であり、化学的にいえば15員環ケトンに過ぎない。

　正確にいえば、メチル基CH_3が付いている。しかし、同種の分子を合成して研究したところ、このメチル基は無いほうが香りが強いことが確かめられている。しかし、環の大きさは香りの強さに大きく影響しており、最も香りが強いのは15員環であり、それより大きくても小さくても香りは弱くなることが確認されている。

B. 立体構造

　また、分子の立体構造が影響することも知られている。図3.12bのAとBは置換基OHとCH_3の相互配置が違っているだけである。しかしAはムスク臭がするがBは全く香りがない。これは酵素の例と同じように、香り分子と臭細胞の香り受容部位との間に、「鍵と鍵穴」の関係があることを示唆するものである。

　しかし、麝香の香りがするものはムスコンに限らず、ベンゼン誘導体も麝香の香りがすることが知られている。

図3.12a 嗅細胞

香りは、香りの素となる香り分子と、鼻の粘膜にある臭覚細胞の相互作用によって感じられるものである。香り分子が鼻の粘液に溶け、臭細胞の臭毛に吸着すると電気刺激が発生する。その刺激が信号となって軸策を通って神経細胞に達し、脳に達するものと思われる。

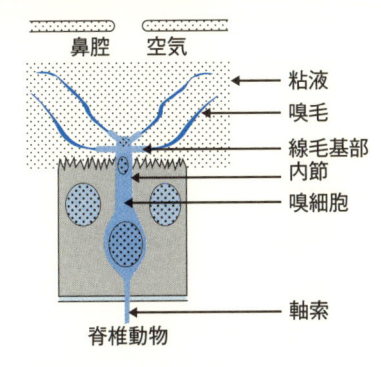

鼻腔　空気
粘液
嗅毛
線毛基部
内節
嗅細胞
軸索
脊椎動物

図3.12b いろいろな香り物質

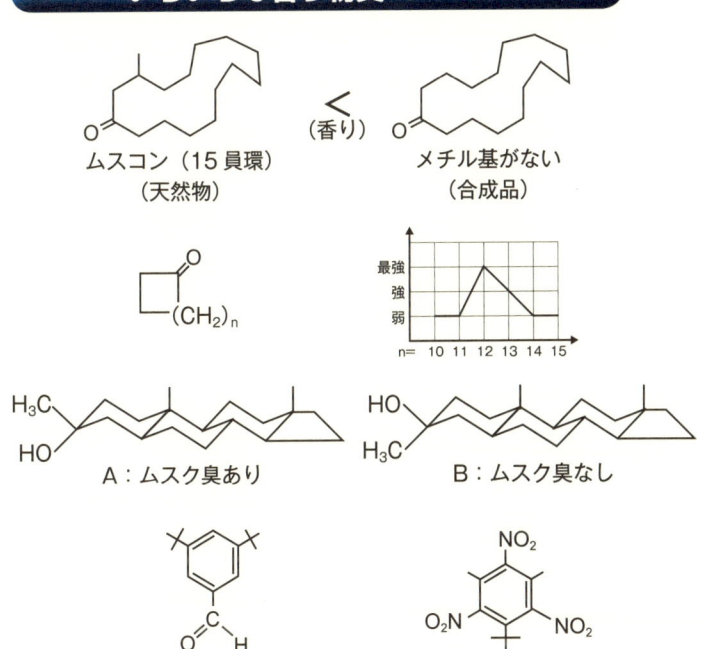

ムスコン（15員環）（天然物） <（香り） メチル基がない（合成品）

$(CH_2)_n$

最強・強・弱　n= 10 11 12 13 14 15

A：ムスク臭あり

B：ムスク臭なし

3.13 アロマテラピーとは

　特定の香りをかぐと脳内に特定の変化が起こるという。その結果、ドーパミンなどの脳内安定物質が分泌され、神経沈静化、ストレス解消はもとより、美肌、ダイエット、若返りに効果があるという。このように、香りによって精神、肉体の活性化を図ろうというのがアロマテラピーのようである。

A. 香りと健康

　いい匂いをかいで気持ちがよくなり、悪臭をかいで不愉快な思いをした経験は誰にでもあるだろう。ただし、香りがいいから精神、健康にいいと、単純に直結するのは問題である。たとえば古来、薫香の代表といわれる麝香(じゃこう)の成分は15員環ケトンの①である(図3.13a)。しかし、麝香(ムスク)の香りがする物質はAだけではない。ベンゼン誘導体の②、③も同じように麝香の香りがする。

　①は体にいいのかもしれない。しかし、②、③のようにベンゼン環をもち、しかも③にいたってはニトロ基までもっている。無害なことはあったにしても、健康にいいとは思えない。

B. 香りと分子

　このように、麝香の香りは健康にいいものの資質ではあっても、麝香の香りがするものはすべて健康にいいとは決していえないことになる。すなわち、健康にいい物質群と、麝香臭をもつ物質群とは、一部重なることはあっても決して完全に一致するものではない。

　香り物質には香草から採集した自然香だけではなく、合成香料の混じっているものもある。これらの中には香りがいい、あるいは自然香と同じ香りもあるかもしれない。しかし、物質が異なれば、たとえ香りは同じでも生理活性は異なると見るべきであろう。

図3.13a 麝香の香り（ムスク臭）をもつもの

	天然香料	合成香料	
構造式	①	②	③
ムスク臭	ムスコン（天然物）	R=CHO R=CH$_2$CHO R=CO$_2$CH$_3$	R=NO$_2$ R=CO$_2$H R=CO$_2$CH$_3$ R=COCl R=Br

"天然ムスコン"と"ムスク臭のする物質"とは全く異なる物質である。

図3.13b テルペンも芳香をもつ

メントール
（ハッカの香り）

ショウノウ

β-カジネン
（ヒノキの香り）

図3.13c アロマテラピーと化学物質

"ラベンダーの香り成分"と"ラベンダーの香りがする化学成分"は全く違う物質である。"ラベンダーの香り成分"は体に良くとも、"ラベンダーの香りがする化学成分"は体に良くない可能性もある。

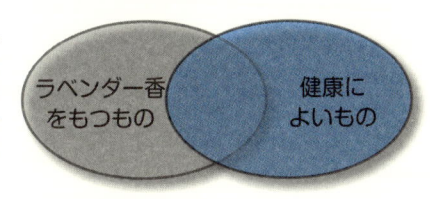

ラベンダー香をもつもの

健康によいもの

3 色・光・香の化学

3.14 消臭剤とは何か

　臭いとは臭い分子が鼻にある嗅細胞の細胞膜に付着することによって起こる生理現象である。特定な臭い、悪臭を取り去るのが消臭剤であり脱臭剤である。

　消臭剤は、「臭い分子を取り除くもの」「他の臭いでカバーして隠すもの」「臭い分子を分解除去するもの」の3種に分けることができる。

A. 臭い分子を除くもの

　臭い分子を吸着して除くものが大部分であり、獣骨や椰子ガラなどを蒸し焼きにしてつくる「活性炭」を用いることが多い。活性炭の表面積の大きいことを利用して、その表面に臭い分子を「吸着」させて除くものである。トイレの換気扇も臭いを室内から除くことによって室内を消臭していることになる。

B. 他の臭いでカバーするもの

　人が快く思う芳香を発生させ、その臭いによって不快臭を感じさせなくさせるものであり、根本的な解決策ではないが、手軽であるのでよく用いられる手段である。芳香としてはラベンダー、バラ、金木犀、かんきつ類の臭いなどが伝統的によく用いられている。

C. 臭い分子を分解除去するもの

　最も根本的な解決法である。「オゾン O_3」による酸化分解が典型的なものであり、トイレで利用されている。この他に、「紫外線」を用いるもの、酸化チタンによる「光触媒」を用いるものなどもある。

　また、微生物の働きによって臭い分子を分解するものもある。またこのタイプの消臭剤には、臭い分子を生産する微生物を同時に殺菌する効果を持ったものがある。

図3.14 消臭剤の3つのパターン

●臭いの分子を除くもの

活性炭

●他の臭いでカバーするもの

ラベンダー、バラ、ミカンなど

●臭いの分子を分解除去するもの

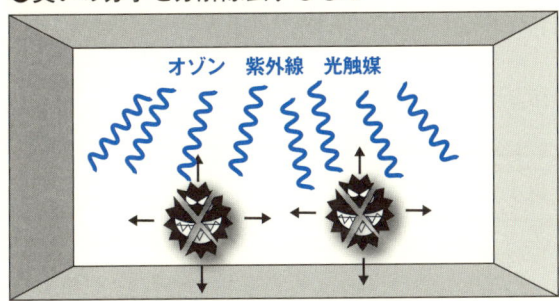

オゾン　紫外線　光触媒

悪臭を気づかれないようにするには3つの方法がある。抜本的な解決策は分解除去である。

COLUMN 03

置換基の種類

有機化合物は本体と置換基に分けて考えるとわかりやすい。置換基は大きく2種類に分けて考えることができる。アルキル基と官能基である。アルキル基は炭素Cと水素Hと単結合だけでできたものであり、メタノールのメチル基$-CH_3$やエタノールのエチル基$-CH_2CH_3$などが典型的なものである。

```
┌──────┐    ┌──────┐   -CH₃    -CH₂CH₃
│ 本体 │────│置換基│  メチル基  エチル基
└──────┘    └──────┘   └────┬────┘
                          アルキル基
```

アルキル基以外の置換基を官能基というが大切なのはC、H以外の原子を含むものである。すなわち、有機化合物の性質、反応性は官能基によって決定される。このようなものにはヒドロキシ基$-OH$、ホルミル基$-CHO$、カルボキシル基$-COOH$などがある。

ヒドロキシ基を含むものは一般にアルコールと呼ばれる。メタノールCH_3-OH、エタノールCH_3-CH_2-OHが典型である。ホルミル基を含むものは一般にアルデヒドと呼ばれる。ホルムアルデヒド$H-CHO$、アセトアルデヒドCH_3-CHOなどがある。そしてカルボキシル基を含むものはカルボン酸である。カルボン酸はH^+を放出する性質があり、そのため酸性である。蟻が持つギ酸$H-COOH$や食酢に含まれる酢酸CH_3-COOHがよく知られている。

第4章
家庭薬剤の化学

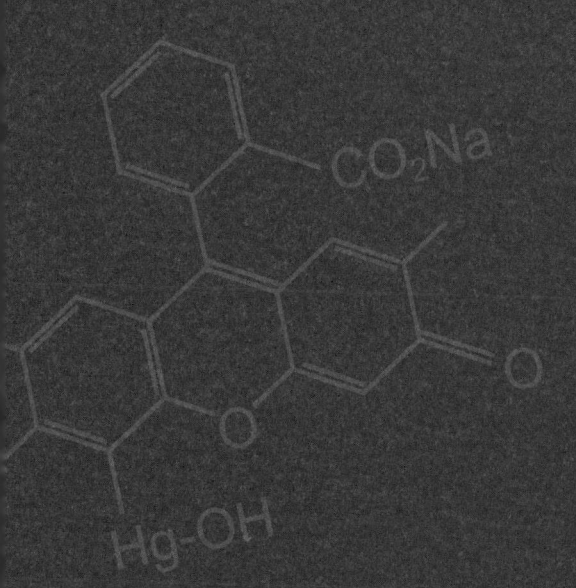

4.1 洗剤とは何か

　物質には水に溶けるものと溶けないものがある。たとえば、石油は水に溶けないが、エタノールや酢酸は水に溶ける。

A. 構造

　石鹸は「高級脂肪酸」のナトリウム塩であり、分子内に石油に似た部分と、酢酸に似た部分の両方がある。石油に似た部分は水に溶けず、油に溶けるので「親油性部分」、酢酸に似た部分は水に溶けるので「親水性部分」といわれる。このように分子内に親油性部分と親水性部分の両方を持つ化合物を一般に「両親媒性分子」という。界面活性剤や洗剤は両親媒性分子の一種である（図 4.1a）。

　衣服に付いた汚れには水溶性のものと油溶性のものがある。汚れた衣服を水に入れると、水溶性の汚れは水に溶けて衣服から離れる。すなわち汚れが落ちる。しかし油性の汚れは水に溶けないので衣服に着いたままである。

B. 洗濯

　ここに石鹸分子が近づくとどうなるだろうか？　石鹸分子の親油性部分は、水に溶けて水に囲まれているよりは、油汚れに近づき、油汚れに接着したよう形になったほうが安定である。このような分子がたくさん寄り集まると、油汚れは石鹸分子で取り囲まれた形になる。この集団を外側から見たらどうなるだろうか？

　集団の中には油汚れがあり、集団の外側には親水性の部分が並ぶ。つまり、親水性の部分でできた袋の中に油汚れが入った形になる。そして親水性部分でできたこの袋は水に溶ける。すなわち、油汚れは石鹸分子の作った袋に入れられて水に運ばれ、衣服から離れることになる。これが洗濯の原理である（図 4.1b）。

図4.1a　洗剤の構造

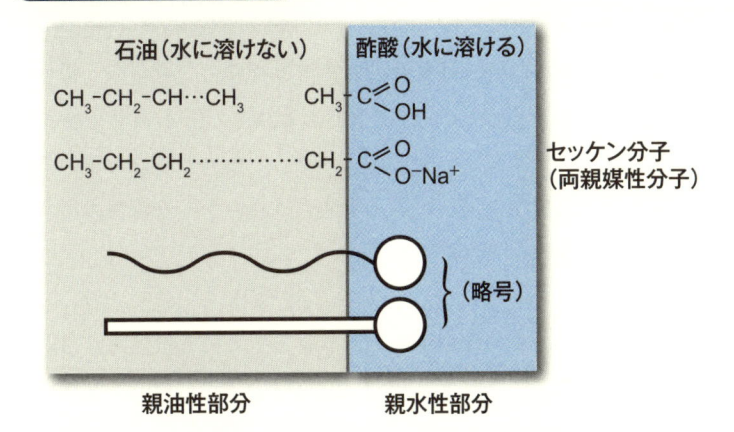

石油（水に溶けない）　　酢酸（水に溶ける）

$CH_3-CH_2-CH \cdots CH_3$　　$CH_3-C{<}^O_{OH}$

$CH_3-CH_2-CH_2 \cdots\cdots\cdots CH_2-C{<}^O_{O^-Na^+}$

セッケン分子
（両親媒性分子）

（略号）

親油性部分　　親水性部分

分子には水に溶けるものと、油に溶けるものがある。前者を親水性、後者を親油性という。また、この両方の部分を併せ持つものもある。これを両親媒性分子といい、石鹸が代表的なものである。

図4.1b　洗剤の働き

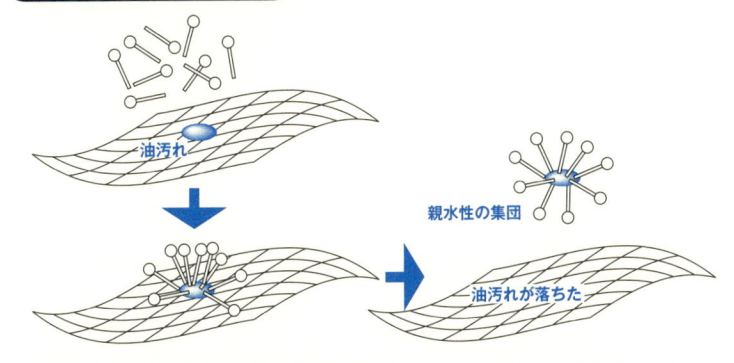

油汚れ

親水性の集団

油汚れが落ちた

布に付いた油汚れに洗剤の親油性部分が近寄り、汚れを取り囲んで集団をつくる。この集団の外側は親水性の部分で覆われることになるので、集団全体として水に溶ける。すなわち、油汚れが布から離れて水中に"溶け出す"のである。

4　家庭薬剤の化学

4.2 ドライクリーニングとは何か

　衣服についた汚れを、揮発性の有機溶媒を使って取り除く操作をドライクリーニングという。「ドライ」とはいっても液体の溶剤は使うのだが、水を使わないために「ドライ」という。水を用いる洗濯に比べて、油脂性の汚れを落とす能力は高いが、水溶性の汚れを落としにくいという欠点がある。

A. 有機溶媒

　溶解力が強く、かつ沸点が低く、揮発しやすい有機溶媒が用いられる。かつては「ベンゼン」「テトラクロロエチレン」「トリクロロエタン」などが用いられた。

　しかし、ベンゼンは発ガン性をもち、テトラクロロエチレン、トリクロロエタンは「有機塩素化合物」であり、発ガン性の疑いがあるなど、環境汚染物質である。また、染料を落とす可能性もあり、合成繊維の中には有機溶剤に弱いものもあるので溶媒は慎重に選択する必要がある。

B. リモネン

　現在では環境にやさしいものをはじめ、各種のドライクリーニング用有機溶媒の開発が進んでいる。その一つとして注目されているのが「リモネン」である。

　リモネンはオレンジをはじめ、各種かんきつ類の果実の皮にある脂細胞に含まれる物質である。有機物を溶かす力が強く、特にポリスチレンを溶かす性質には卓越したものがある。このため、発泡スチロールのリサイクルシステムのキー物質ともなっている。

　リモネンは溶解力が強い上に、かんきつ類特有のさわやかな香りを持つため、今後のドライクリーニング溶剤として注目されている。

図4.1a ドライクリーニングの原理

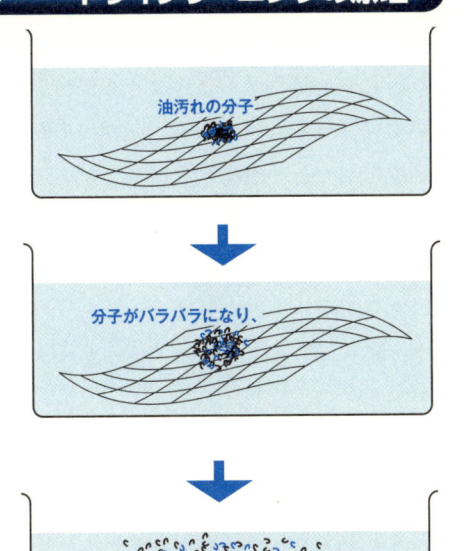

油汚れの分子

分子がバラバラになり、

油汚れが落ちる

ドライクリーニングでは有機溶媒が油汚れの塊を溶かして1分子ずつにする。油分子は有機溶媒に溶け出すので、衣服から離れることになる。

図4.1b 油汚れを溶かす有機溶媒の例

ベンゼン　　テトラクロロエチレン　　トリクロロエタン　　リモネン

油汚れを溶かし去る有機溶媒には多くの種類がある。しかし、塩素 Cl を持つ有機塩素化合物や、ベンゼンなどは有害である。オレンジなどに含まれるリモネンは無害であり、溶媒として注目されている。

4.3 漂白剤とは何か

　漂白剤は衣服についた汚れや黄ばみのもとになる有機物を分解除去して、もとの白さを取り戻させるものである。一般に市販されている漂白剤には「塩素系漂白剤」と「酸素系漂白剤」がある。いずれも汚れを酸化分解するものである。

　漂白剤を使うことができるのは植物繊維やポリエステルに限られる。動物繊維ではタンパク質が酸化されてしまう。また、一般に色素は酸化されやすいので、繰り返し漂白すると、色があせるなどの劣化が起こる。

A. 塩素系漂白剤

　主成分の「次亜塩素酸ナトリウム」NaClO の水溶液に、界面活性剤（洗剤）などを混ぜたものである。次亜塩素酸ナトリウムは分解して塩化ナトリウム NaCl と酸素 O_2 を発生する。この酸素が汚れを分解する（図 4.3a）。

　トイレ用洗剤には一般に酸性のものが多い。次亜塩素酸ナトリウムは酸と反応して「塩素」Cl_2 を発生する（図 4.3b）。塩素は非常に有害であり、触れたり吸ったりすると失明したり落命することがある。したがって塩素系漂白剤とトイレ用酸性洗剤とを混ぜないように厳重な注意が必要である。

B. 酸素系漂白剤

　主成分の過炭酸ナトリウム（ペルオクソ炭酸ナトリウム）$Na_2C_2O_6$ に界面活性剤などを混ぜたもので、粉末として保存する。水と反応して酸素を発生するので、この酸素が汚れを酸化分解して漂白する。酸素系漂白剤は塩素系漂白剤より作用がおだやかである。

図4.3a 塩素系漂白剤

$$NaClO \longrightarrow NaCl + O$$
次亜塩素酸ナトリウム　塩化ナトリウム　酸素

図4.3b 有害物質の発生

$$NaClO + 2HCl$$
次亜塩素酸ナトリウム

$$\longrightarrow 2NaCl + H_2O + Cl_2$$
塩化ナトリウム　水　塩素
猛毒性

図4.3c 酸素系漂白剤

$$Na_2C_2O_6 \longrightarrow Na_2CO_3 + CO_2 + O$$
ペルオクソ炭酸ナトリウム　炭酸ナトリウム

漂白剤は化学反応を起こして、酸素 O を発生する。この酸素が布についた黄ばみの原因である汚れ分子を分解するのが漂白の原理である。しかし、塩素系漂白剤は酸と反応すると塩素を発生する。塩素は人体にとって有害、危険であり、取り扱いには十分な注意が必要である。

4.4 シャンプー・リンスとは何か

　シャンプーとはものを洗うことであるが、一般にシャンプーという場合には「頭髪を洗うこと、およびそのための洗剤」を意味する。髪を洗った後に髪を保護するために使う洗剤がリンスである。シャンプーとリンスが一緒になったリンスインシャンプーもある。

　髪を洗う場合に、体を洗う普通の洗剤でなく、シャンプーを使うのは髪の特殊な構造のせいである。すなわち、髪は表面が弱酸性の「キューティクル」と呼ばれるウロコ上のタンパク質で覆われている（図4.4a）。普通の洗剤で髪を洗うとこのキューティクルが開いたり溶けたりすることがある。そのため、中性の洗剤を用いることが理想的である。

A. シャンプー

　シャンプーも洗剤の一種であり、「両親媒性分子（界面活性剤）」の一種である（図4.4b）。一般に使用されているシャンプーは、陰イオン系の界面活性剤が多い。しかしアミノ酸系の界面活性剤を用いているものもある。これはイオン部分として陰性のカルボキシル基と陽性のアミノ基の両方があるので、「両性界面活性剤」と呼ばれる。これは陰イオン系と比べると、洗浄力や泡立ちの点で劣ることがあるが、肌に与える刺激が弱いという。

B. リンス

　かつて塩基性の石鹸で髪を洗った後には酢酸水溶液などで髪をゆすぎ（リンス）、髪の中性を保った。現在のシャンプーは中性なのでこの意味でのリンスは必要なくなった。現在のリンスは油成分を髪にコーティングするとか、静電気を防止して髪が乱れるのを防ぎ、櫛通りをよくするなどの目的をもつ。

図4.4a 人の髪の毛を電子顕微鏡でみると……

どのようにスベスベツヤツヤ見える髪でも拡大すると写真のようである。すなわち、表面がキューティクルと呼ばれるうろこ状の物質で覆われており、これが健康な髪の特質である。普通の洗剤で洗髪するとこのキューティクルが溶けたり、傷んだりして健康を損ねることになる。

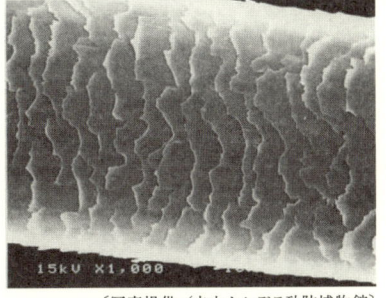

〔写真提供／立山カルデラ砂防博物館〕

図4.4b シャンプーの種類

$CH_3-(CH_2)_n-C{<}^O_{O^-}$　Na^+　セッケン

$CH_3-(CH_2)-S-O^-$　Na^+　中性洗剤

　　　　　　　　　　　　　　　　　　　　　｝陰イオン系界面活性剤

$CH_3-(CH_2)-CH{<}^{NH_3^+}_{CO_2^-}$　アミノ酸系洗剤　両性界面活性剤

（親水部分）

$$R-C{<}^O_{O^-}\ Na^+ + H_2O \longrightarrow R-C{<}^O_{OH} + Na^+ + OH^-$$

セッケンを水に溶かすとOH^-が発生し、アルカリ性となる。

洗剤は両親媒性分子であり、親油性部分と親水性部分をもつ。シャンプーには陰イオン系と両性のものが多い。両性は髪に優しいといわれている。石鹸は水に溶けるとOH^-を出して塩基性になるので、酸性の物質で中和する必要があった。

4.5 殺菌剤・消毒剤とは何か

　殺菌剤とは、病原菌を殺す、あるいは病原菌の増殖を抑えるための薬剤のことである。似た言葉に「消毒剤」があるがそれは、皮膚や機器に付着した病原菌を除去するものであり、一般に殺菌剤よりは弱い働きをするものを指す。

A. 殺菌剤
①ヨウ素

　「ヨウドチンキ」の名前で呼ばれる殺菌剤であり、ヨウ素のアルコール溶液。ヨウ素による殺菌効果である。

②マーキュロクロム

　「マーキュロ」「アカチンキ」の名前で親しまれた薬剤であるが、水銀中毒の可能性があり、製造停止になっている。水銀の殺菌効果に基く。

③過酸化水素

　過酸化水素の3%水溶液を「オキシフル」あるいは「オキシドール」の名前で利用している。過酸化水素から発生した酸素による殺菌である。

④アクリノール

　2%水溶液を用いる。殺菌ガーゼや絆創膏についている黄色い薬品である。

B. 消毒剤
①グルタールアルデヒド

　強力な消毒作用をもち、病原菌を死滅させることもできる。

②エタノール

　注射の際にガーゼに浸して皮膚を拭くときなどに用いられる。時

代劇で、傷を受けた箇所に酒を吹きかけるのもアルコールによる消毒効果を狙ったものであろう。

③逆性石鹸

普通の石鹸分子は本体部分がプラスに荷電している。それに対して逆性石鹸は本体部分がプラスに荷電した洗剤分子である。

図4.5a 殺菌剤と消毒剤の種類

殺菌効果

殺菌剤
- ヨウ素 → ヨウドチンキ
- マーキュロクロム → マーキュロ、アカチンキ（製造停止）
- 過酸化水素 → オキシフル、あるいはオキシドール
- アクリノール → 殺菌ガーゼや絆創膏

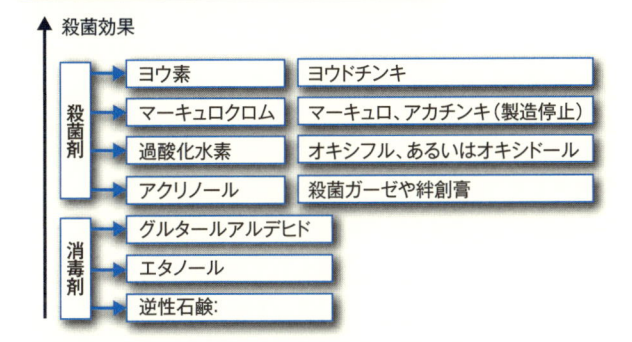

消毒剤
- グルタールアルデヒド
- エタノール
- 逆性石鹸

図4.5b 殺菌剤と消毒剤の構造式

I_2 ヨウ素（ヨードチンキ）

$H-O-O-H$ 過酸化水素（オキシドール）

CH_3-CH_2-OH エタノール

グルタールアルデヒド

マーキュロクロム

アクリノール

$CH_3-(CH_2)_n-C(=O)-O^-\ Na^+$ セッケン

$CH_3-(CH_2)_n-N^+(CH_3)_3\ OH^-$ 逆性セッケン

4.6 カビ取り剤とは何か

　カビを殺し、除くには、物理的除去、加熱、焼却などの手段があるが、この目的のために用いられる薬物を一般に「カビ取り剤」という。しかし、カビのみを対象とする薬物は少なく、ほとんどの場合には殺菌剤として、カビと同時に他の微生物をも死滅させる。

A. 気体

　「オゾン O_3」「エチレンオキシド」「ホルムアルデヒド」などの気体の中にカビを置き、死滅させるものであるが特別の装置を必要とし、家庭向けではない。また、X線や紫外線も有効ではあるが、どれも一般的な方法とはいえないであろう。

B. アルコール類

　手軽に用いることのできるものである。「エタノール」（一般に単にアルコールということもある）、「イソプロピルアルコール」「フェノール」「クレゾール」などが用いられる。カビのタンパク質を凝固させる働きがある。

B. 逆性石鹸

　普通の石鹸は親水性部分が陰イオンになっている。それに対して親水性部分が陽イオンになっている石鹸（両親媒性分子、界面活性剤）を逆性石鹸という。カビの細胞膜に影響を与えるものと見られている

C. 酸化剤

　過酸化水素 H_2O_2 などで、酸素を発生させ、その酸化作用でカビを死滅させるものである。

　そのほかに、石灰（CaO誘導体）や塩素化合物（サラシ粉）なども用いられる。

図4.6a 気体のカビ取り剤

オゾン、エチレンオキシド、ホルムアルデヒドなどはカビを死滅させるが、それ自体が危険であり、一般的ではない。

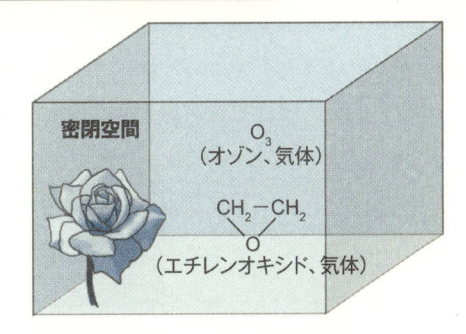

密閉空間
O_3（オゾン、気体）

CH_2-CH_2
 $\diagdown O \diagup$
（エチレンオキシド、気体）

図4.6b アルコールと逆性セッケンの構造式

●アルコール

CH_3-CH_2-OH

エタノール
（エチルアルコール）

$\begin{matrix}CH_3\\CH_2\end{matrix}\!\!>\!\!CH-OH$

イソプロパノール
（イソプロピルアルコール）

フェノール
（石炭酸）

クレゾール

●逆性石鹸

$CH_3-(CH_2)_n-C{\diagup\!\!\!\!^O \atop \diagdown\!\!\!\!_{O^-}}$ ＋ Na^+ 　石鹸

$CH_3-(CH_2)_n-N^+(CH_3)_3$ ＋ OH^- 　逆性石鹸

$CH_3-(CH_2)_n-C{\diagup\!\!\!\!^{NH_3^+} \atop \diagdown\!\!\!\!_{CO_2^-}}$ 　　　　両性石鹸

（親水部分）

アルコールは扱いやすいが強力ではない。フェノール、クレゾール、逆性石鹸は消毒剤としても用いられる。

4.7 乾燥剤とは何か

　せんべいなど、湿気っては困る食品を保存するときに、食品の保管箱の中に一緒に入れるのが乾燥剤である。

A. 生石灰

　乾燥剤にはいろいろの種類があるが、一般的なものは「生石灰」と「シリカゲル」であろう。生石灰 CaO は水と反応して「消石灰」$Ca(OH)_2$ になるので水を吸収することになる。生石灰は安価であって脱水能力が高いので、かつては多く用いられた。

　しかし、水に触れると大量の発熱を発生するので、子供が誤って口に入れた場合にはやけどを起こし、水分のあるくずかごに捨てると発火、火災の可能性もある。そのため、最近は少なくなってきたようである。

B. シリカゲル

　最近多いのはシリカゲルである。これは二酸化ケイ素の多孔質固体であり、固体表面に水分子を吸着する。表面積は 1g 当たり $700m^2$ に達するという。

　シリカゲルは無色であるが、市販品に青い色が付いていることがあるのは「塩化コバルト」$CoCl_2$ を混ぜてあるからである。塩化コバルトは乾燥している時には青色であるが、水を吸うと赤く変色するので、シリカゲルの乾燥剤としての効力を見ることができる。吸水したシリカゲルを加熱すると水を放出し、再び吸水能力を復活する。このときには塩化コバルトも水を放出して赤から再び青に戻る。

　実験室で用いられる乾燥剤としては「塩化カルシウム」$CaCl_2$ が一般的である。しかし塩化カルシウムは多くの水を吸うと潮解して液体状になるので、食品の保管には用いられないようである。

図4.7a 生石灰による除湿

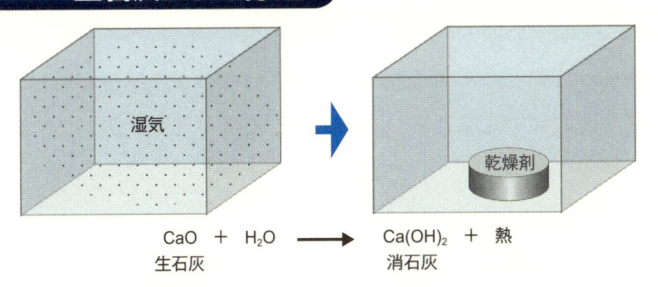

$$CaO + H_2O \longrightarrow Ca(OH)_2 + 熱$$
生石灰　　　　　　　　消石灰

生石灰は水と反応して消石灰になるが、このとき強く発熱する。火傷や火事の原因にもなるので注意が必要である。

図4.7b シリカゲルによる除湿

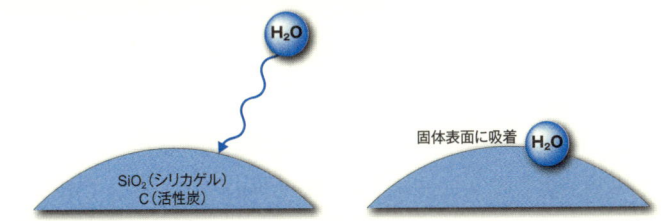

SiO_2（シリカゲル）
C（活性炭）

固体表面に吸着 H_2O

シリカゲルや活性炭は多孔性であり、表面積が大きい。この表面で水分子を吸着して取り除くのである

図4.7c 塩化コバルトの湿度による色の変化

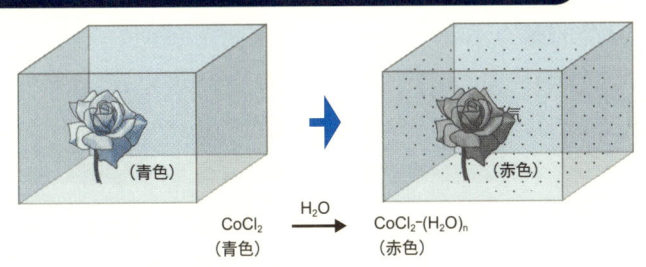

（青色）　　　　　　　　　　（赤色）

$$CoCl_2 \xrightarrow{H_2O} CoCl_2\text{-}(H_2O)_n$$
（青色）　　　　　（赤色）

塩化コバルトは乾燥状態で青く、湿ると赤くなる。そのため、シリカゲルが水を吸った状態かどうかを判定することができる。

4.8 脱酸素剤と窒素充填

　食品が酸化されて品質劣化するのを防ぐのが「脱酸素剤」である。脱酸素と同様の意味を持つのが脱気による「真空包装」であり、「窒素充填」である。

A. 脱酸素剤

　脱酸素剤は酸素と結合する力の強い物質であり、酸素が食品と反応する前に自分が酸素と反応して除いてしまうものである。脱酸素剤の成分は鉄粉 Fe である。鉄は酸素と反応して酸化鉄 Fe_2O_3 となるので酸素を奪うことができるのである（図 4.8a）。

　鉄の酸素と結合する力は大きい。新しく掘った井戸に入って酸欠で倒れることがあるのは鉄のせいである。すなわち、酸素のない状態で埋まっていた鉄が井戸の穴によってむき出しになり、井戸の中の酸素と結合した結果、井戸の中が無酸素状態になったのである。

　兵庫県の有馬温泉は、赤く濁ったお湯の金泉で有名であるが、これは酸化鉄の色である。この金泉も泉源から湧き出したときには無色透明なお湯である。しかし空気に触れると酸素と反応して酸化鉄になるのである。

B. 窒素充填

　ポリエチレンなど、密閉性の高い素材で作った袋に食品をいれ、脱気して空気を除けば同時に酸素や湿気も除かれ、食品の保存性がよくなる。しかし、容器の密閉性が高くないと、長期保存には向かない。

　空気を除いた後に窒素ガスを入れるのが窒素充填である。酸素が除かれるので真空包装と同じ効果があるが、容器の密閉性が厳密でなくとも実用的であるという利点がある。

図4.8a 脱酸素剤の効果

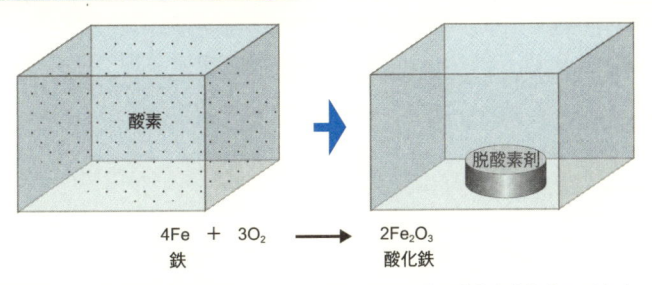

$$4Fe + 3O_2 \longrightarrow 2Fe_2O_3$$
鉄　　　　　　　　酸化鉄

鉄は酸素と反応する性質が強い。この性質を利用して系の酸素を奪うものである。化学カイロ（6-10節参照）と同じ原理である。

図4.8b 新しい井戸における酸欠現象

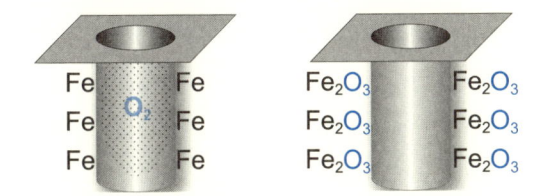

掘ったばかりの井戸では、未反応の鉄がむき出しになり、これが酸素と反応するため酸欠状態になっており、非常に危険である。

図4.8c 有馬温泉が赤く濁っている理由

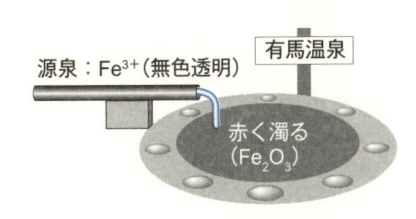

源泉：Fe^{3+}（無色透明）

有馬温泉

赤く濁る
（Fe_2O_3）

温泉の中には無色の鉄イオンを含むものがある。これが空気に触れると錆の仲間である酸化鉄となり、赤く変色する。

4.9 消火剤とは何か

　消火器に入っており、火災の火を消す物資である。消火の方法には「冷却」と「空気遮断」があるが、消火剤にはこのどちらかの方法を重視するものと、両方を行うものがある。

A. 普通火災用
①強化液消火器
　「炭酸カリウム」K_2CO_3 の濃厚な水溶液を用いるものである。特に天ぷら油火災に対しては、主成分の炭酸カリウムと油が反応（鹸化）して油を瞬時に「不燃化」するため、最も有効な消火器といえる。

②泡消火器
　二重の円筒構造になっており、内筒に硫酸アルミニウム $Al_2(SO_4)_3$、外筒に重炭酸ナトリウム $NaHCO_3$（重ソウ）の水溶液と起泡剤が入っている。転倒させると両者が混じり、白い泡が二酸化炭素の圧力によって吹き出し、火災源を「冷却」して消火する。

B. 油、電気火災用
　不燃性で比重の大きい気体で火災源を包み、空気を遮断することによって鎮火する。

①二酸化炭素消火器
　二酸化炭素による「空気遮断」で消火する。消火剤による汚損がないので電気設備、コンピュータ関係の火災に適する。構造は高圧で圧縮した液化二酸化炭素を薬剤として使用、自身の圧力で放射する。

②ハロゲン化物消火器
　ハロゲン化物を用いたもの。汚損がなく消火能力がすぐれているため、電気設備、電算機に用いられたが、毒性のため、最近では用いられない。

図4.9a 消火剤の働き

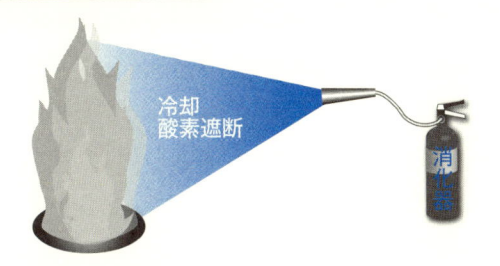

冷却
酸素遮断

図4.9b 強力消火剤

$$\begin{array}{c} CH_2\text{-O-CO-R} \\ CH\text{-O-CO-R} \\ CH_2\text{-O-CO-R} \end{array} + K_2CO_3 \longrightarrow \begin{array}{c} CH_2\text{-OH} \\ CH\text{-OH} \\ CH_2\text{-OH} \end{array} + R\text{-CO}_2K$$

天ぷら油　　炭酸カリウム　　　　　　セッケン
　　　　　　　　　　　　　　　　　　（難燃性）

炭酸カリウムがてんぷら油と反応して、てんぷら油を燃えにくい石鹸に変えてしまう。

図4.9c 泡消火器とハロゲン化物消火器

●泡消火器

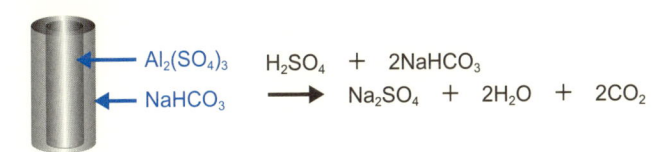

$Al_2(SO_4)_3$
$NaHCO_3$

$$H_2SO_4 + 2NaHCO_3 \longrightarrow Na_2SO_4 + 2H_2O + 2CO_2$$

●ハロゲン化物消火器

$$CCl_4 \xrightarrow{O_2} CCl_2O$$

四塩化炭素　　　ホスゲン
（ハロゲン化物）　（猛毒）

四塩化炭素は高温になると酸素と反応してホスゲンを発生する。ホスゲンはナチがアウシュビッツで使ったとされる猛毒であり、取り扱いには十分の注意が必要である。

4.10 肥料とは何か

　植物は水と二酸化炭素を原料とし、光をエネルギーとして糖を合成し、自分自身を形づくっていく。しかし、水と二酸化炭素さえあれば完全に成長できるわけではない。植物の生命活動を円滑に行わせるには水と二酸化炭素以外の成分も必要である。それを人為的に調整したものが肥料である。

A. 化学肥料

　肥料には3大要素といわれるものがある。「窒素」N、「リン」P、「カリウム」Kである。窒素は主に葉、カリウムは茎や木、そしてリンは花の成長を助ける。

　化学肥料はこれら「3大栄養素」を単純な構造の化学物質で与えようというものである。窒素分は主に「硝酸アンモニウム（硝安）」NH_4NO_3 や「硫酸アンモニウム（硫安）」$(NH_4)_2SO_4$、リン分は「燐酸カルシウム」$Ca_3(PO_4)_2$、カリウムは「硫酸カリウム」K_2SO_4 などである。このほかにマグネシウム Mg を「硫酸苦土」$MgSO_4$ として与える。

　硝酸アンモニウムや硫酸アンモニウムは酸性物質である。そのため、化学肥料を与え続けると土壌が酸性になるので、「中和」するために、ときおり消石灰 $Ca(OH)_2$ を散布する必要がある。

B. 微量成分

　植物の成長のためには3大栄養素のほかにも必要なものがある。これらを「微量元素」という。天然物からつくった有機肥料には微量元素が含まれているが、化学肥料には含まれていない。そのため、微量元素を特別に調合して与える必要がある。

　このような元素としてマンガン Mn、ホウ素 B などがある。

図4.10 化学肥料の3大要素と微量成分

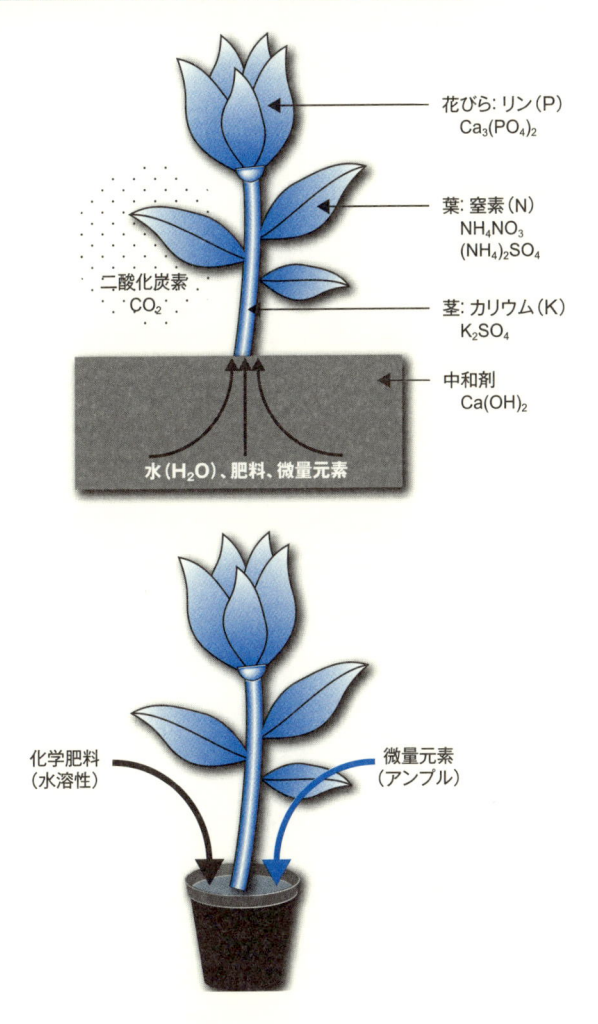

- 花びら: リン(P) $Ca_3(PO_4)_2$
- 葉: 窒素(N) NH_4NO_3 $(NH_4)_2SO_4$
- 二酸化炭素 CO_2
- 茎: カリウム(K) K_2SO_4
- 中和剤 $Ca(OH)_2$
- 水(H_2O)、肥料、微量元素

- 化学肥料（水溶性）
- 微量元素（アンプル）

植物の健全な成長のためには肥料のほかに微量元素が必要である。微量元素は人間にとってのビタミンのようなものである。

4.11 農薬の種類

　農作物が健全に生育し、収穫物が損傷することなく消費者の手に渡るために用いる試薬を一般に農薬という。

A. 殺菌剤

　農作物に害を与える微生物やウイルスを死滅させるために用いる薬剤である。「有機銅化合物」「有機塩素化合物」「フェノール誘導体」などが用いられる。また薫蒸剤として「臭化メチル」CH_3Br などが用いられる。土壌を殺菌するものを特に「土壌殺菌剤」という。代表的なものに「クロロピクリン」があるが、毒性が非常に強いので厳重な注意が必要である。

B. 殺虫剤

　害虫を死滅させるために用いる試薬である。蚊やブユなどの人を刺す昆虫などを寄せ付けないように用いる試薬を忌避剤という。ローションやクリームとして体の露出部位に塗布して用いる。

C. 殺鼠剤

　ネズミなどの有害小動物を死滅させるための試薬であり、かつては猫いらずとも呼ばれた。長い歴史のある農薬であり、「ヒ素化合物」「リン化合物」「タリウム化合物」が伝統的な試薬である。これらの試薬は暗殺など、殺人に用いられた暗い歴史を秘めた試薬でもある。現在ではこれらのほかに「クマリン誘導体」も用いられる。

D. 除草剤

　雑草を除去するための試薬である。「2,4−D」「2,4,5−T」などの有機塩素化合物や「パラコート」などが有名である。2,4D、2,4,5−Tはかつてベトナム戦争の枯葉作戦で大量に使用され、不純物として含まれるダイオキシンの毒性を明らかにした経緯もある。

図4.11a 殺菌剤・殺虫剤・忌避剤・殺鼠剤

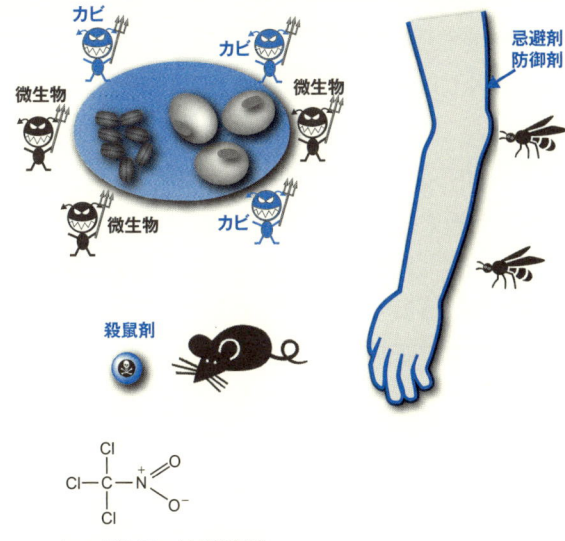

クロロピクリン（土壌殺菌剤）

土壌殺菌剤のクロロピクリンは毒性が強く、事故や自殺が起きている。取り扱いには厳重な注意をすべきである。

図4.11b 除草剤の構造式

2,4-D

2,4,5-T

パラコート

除草剤には危険なものが多いので取り扱いには注意が必要である。とくにパラコートは猛毒であり、皮膚からも吸収される。また、2,4-D、2,4,5-T には不純物としてダイオキシンが含まれ、ダイオキシンの有害性を明らかにしたこともある。

4 家庭薬剤の化学

4.12 ポストハーベスト農薬とは

　ポストハーベスト農薬とは「ポスト（後）」+「ハーベスト（収穫）」、すなわち、収穫した後の農作物に散布する農薬のことである。目的は収穫物の殺菌、防カビ、防鼠などである。日本ではポストハーベスト農薬を使用することは禁止されているが、外国から輸入されるものの中には散布されているものもある。

　ポストハーベスト農薬は消費者の手に渡る直前に散布されるため、農薬の毒性が除去されていない可能性があり、その「残留毒性」が健康に害を与える可能性があると指摘する説もある。

　ポストハーベスト農薬のいくつかをあげると次のようになる。

○臭化メチル

　液体であり、収穫物を入れた部屋全体に気化させて燻蒸することによって散布する。

○ジフェニル（ビフェニル）、DP（BP）

　ベンゼン環が2個結合した構造の化合物である。ビフェニルの水素の何個かが塩素に置き換わるとPCB（ポリクロロビフェニル）となる。防カビ剤である。

○オルトフェニルフェノール、OPP

　ビフェニルにヒドロキシ基が結合したものである。発がん性の疑いがもたれている。防カビ剤である。

○テトラクロロニトロベンゼン

　植物の成長調整剤（成長ホルモンの一種）である。

○マラソン

　パラチオンなどの有害リン系殺虫剤に代わって開発された低毒系の殺虫剤であるが、もちろん無害ではない。

図4.12a 農薬とポストハーベスト農薬

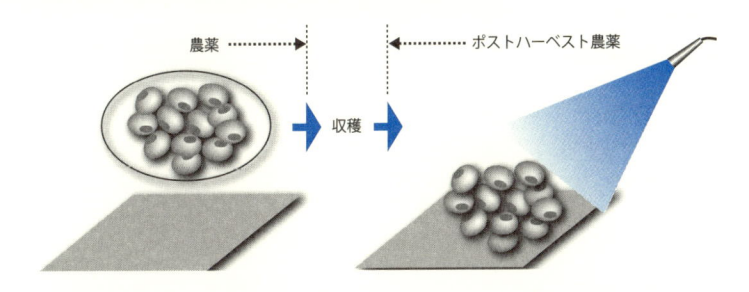

殺虫剤や殺菌剤などの農薬は畑で使われるだけではない。収穫した農作物に対しても使われる。このような農薬をポスト（＝後）ハーベスト（＝収穫）農薬という。ポストハーベスト農薬はそのまま家庭に持ち込まれる可能性が高いので、十分な注意、管理が必要である。

図4.12b ポストハーベスト農薬の例

CH_3-Br
臭化メチル

ビフェニール

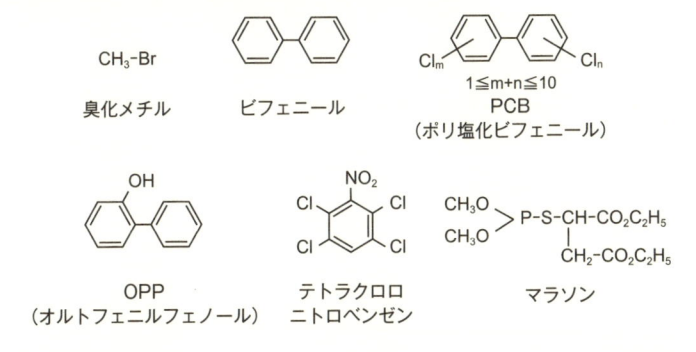

PCB（ポリ塩化ビフェニール）
$1 \leqq m+n \leqq 10$

OPP（オルトフェニルフェノール）

テトラクロロニトロベンゼン

マラソン

殺虫剤や殺菌剤は虫やバイキンとはいえ、生物を"殺す"ものであり、完全に無害とはいい難い。できることなら、食物からは遠ざけたほうが賢明であろう。塩素 Cl がついたものは有機塩素化合物であり、リン P がついたものは神経系統に影響する。

4 家庭薬剤の化学

COLUMN 04

反応の種類

　分子の特徴は反応することである。反応とは適当な条件下でそれ自身が別の分子に変化したり、2個の分子が衝突して1個の新しい分子に変化したりするものである。

　反応には多くの種類があるが、基礎的なものに酸化反応がある。酸化反応は分子が酸素と反応し、その結果分子に含まれる酸素の割合が増える反応である。アルコールは酸化されるとアルデヒドになり、さらに酸化されるとカルボン酸になる。また、この反対に酸素を失う反応を還元という。

　2個の分子が水を放出して結合することがある。このような反応を一般に脱水縮合反応という。カルボン酸とアルコールの間の脱水縮合反応は特にエステル化と呼ばれる。酢酸とエタノールからできるエステルは酢酸エチル（サクエチ）と呼ばれ、かつてはシンナーの成分としてよく用いられたが、有毒であることから用いられなくなった。

CH_3-OH → $H-C(=O)H$ → $H-C(=O)OH$
メタノール　　ホルムアルデヒド　　ギ酸

CH_3-CH_2-OH → $CH_3-C(=O)H$ → $CH_3-C(=O)OH$
エタノール　　アセトアルデヒド　　酢酸

$CH_3-C(=O)O-H$　$H-O-CH_2-CH_3$ ⇌（エステル化 $-H_2O$ / 加水分解 $+H_2O$）⇌ $CH_3-C(=O)O-CH_2-CH_3$　酢酸エチル（サクエチ）

第5章
高分子の化学

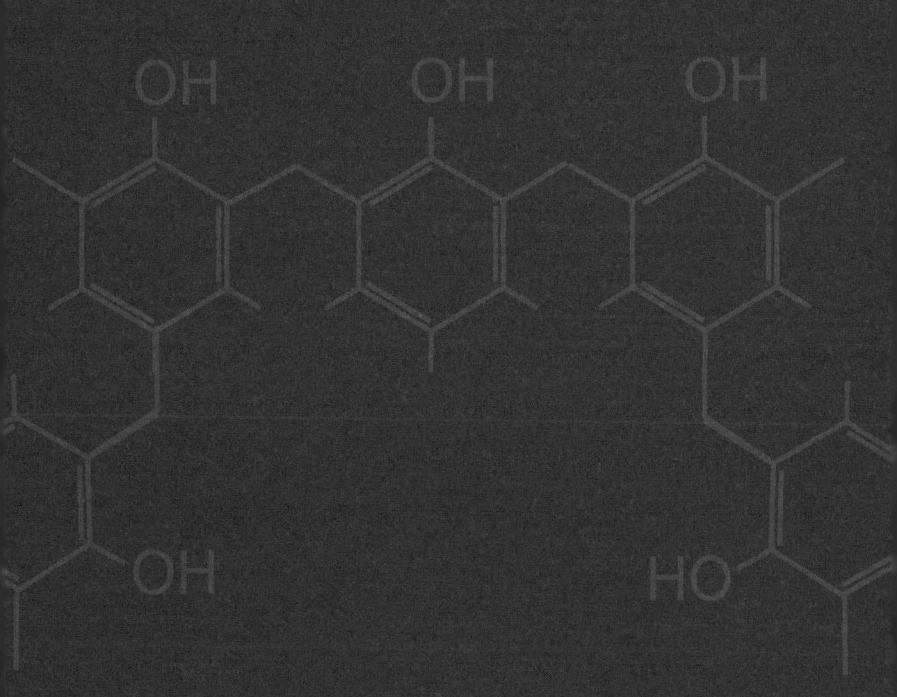

5.1 高分子とは何か

　多数の小さい単位分子が結合して長大な分子になったものを高分子という。高分子は非常に長い分子である。しかし構造は単純なものが多い。すなわち、長い鎖が小さい輪の連続からできているように、高分子も小さい単位分子がいくつも結合したものである。

A. 高分子の種類

　高分子にはデンプンやタンパク質、DNAのように天然に存在する「天然高分子」と、化学的に合成した「合成高分子」がある。合成高分子は「ゴム」「熱可塑性樹脂」「熱硬化性樹脂」に分けることができる。しかし、ゴムには天然のものもある (表5.1)。

　熱可塑性樹脂は暖めると柔らかくなり、自由な形に加工することができるものである。「プラスチック」といわれることもあり、最も一般的な樹脂である。それに対して、プラスチック製のお椀、コンセントなどに使う樹脂は加熱しても軟らかくならない。このような樹脂を熱硬化性樹脂という (図5.1)。

B. 熱可塑性樹脂の種類

　熱可塑性樹脂はさらに、「汎用樹脂」、「エンプラ」（エンジニアリングプラスチック）、「合成繊維」に分類できる。汎用樹脂はポリエチレンや塩ビ（塩化ビニール）などのように、日常雑貨に使われるものであり、大量生産されて単価の安いものである。それに対してエンプラは耐熱性、耐摩耗性、耐薬品性など、数々のすぐれた性質を持つものである。機械の歯車、自動車のエンジン周り、防弾チョッキなど、かつては金属が使われた箇所に用いられるものである。

　合成繊維は天然繊維の代わりに用いられたものであるが、現在は天然繊維よりすぐれた性質を持つものも開発されている。

表5.1 高分子の分類

	合成高分子		天然高分子
生体高分子			生体高分子
ゴム	合成ゴム		天然ゴム
熱可塑性樹脂	汎用樹脂	ポリエチレン	
		ポリスチレン	
		ポリ塩化ビニル	
	エンジニアリングプラスチック	ポリカーボネート	
		ポリアミド	
		ポリイミド	
		液晶ポリマー	
	合成繊維	ナイロン繊維など	天然繊維
		カーボン繊維など	
熱硬化性樹脂	合成熱硬化性樹脂	フェノール樹脂	天然熱硬化性樹脂
		エポキシ樹脂	

図5.1 熱可塑性と熱硬化性

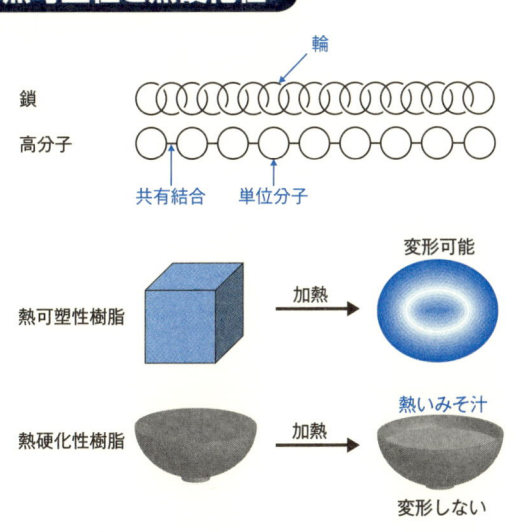

鎖 — 輪
高分子 — 共有結合 / 単位分子

熱可塑性樹脂 →加熱→ 変形可能

熱硬化性樹脂 →加熱→ 熱いみそ汁 / 変形しない

加熱すると軟らかくなるものを熱可塑性樹脂、加熱しても軟らかくならないものを熱硬化性樹脂という。

5.2 ゴムとは何か

　ゴムには天然ゴムと合成ゴムがある。天然ゴムはゴムの木の樹皮に傷をつけると染み出す樹脂を濃縮してつくる。一方合成ゴムは「ブタジエン」（ブタジエンゴム）、「イソプレン」（イソプレンゴム）などを重合してつくる（図5.2a）。

A. 天然ゴム

　ゴムの弾力、伸縮性は分子の形に由来する。ゴムの分子は非常に長い構造を持った高分子であり、まるで毛糸のように丸まっている。ゴムを引っ張ると毛糸玉がほぐれて伸びるが、手を離すとまた丸まって短くなるというしくみである。しかし、天然ゴムを引っ張るとずるずると延び続け、やがて切れてしまう（図5.2b）。

　天然ゴムに弾力性と伸縮性を持たせるためには硫黄を加える（加硫）。すると硫黄がゴム分子を繋ぐので（架橋）分子が離れずに、力が除かれるとまたもとの状態に戻るのである。この原理は髪にかけるスプレーに似ている。スプレーは髪と髪を部分的に接着して髪型を保つ。このように、ゴムには伸び縮みする部分と、固定される部分の両方の存在が必要である。

B. 加硫ゴム

　加硫ゴムは加熱しても柔らかくならず、加工に不便である。そのため、加熱すると柔らかくなるゴムとして開発されたのが「熱可塑性エラストマー」である。

　典型的なものはブタジエンとスチレンを混ぜて重合したものである。するとブタジエンに由来する部分はゴムの性質をもち、延びる。しかしスチレンに由来する部分は延びずに架橋部分の働きをするので全体としてゴムの性質をもつ。

図5.2a 樹脂の採取（天然ゴム）とゴムの合成

ゴムの樹

ブタジエン

ブタジエンゴム

イソプレン

イソプレンゴム

図5.2b 加硫ゴムと熱可塑性エラストマー

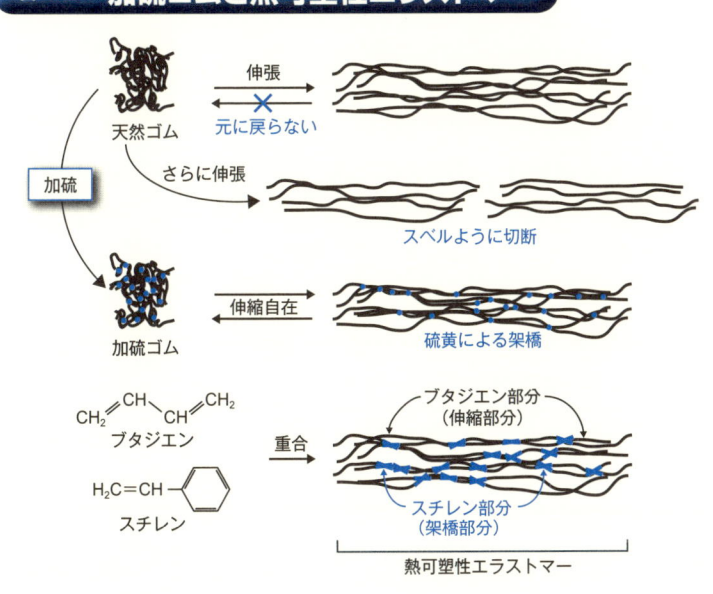

天然ゴム

伸張 ⇄ 元に戻らない

加硫

さらに伸張 → スベるように切断

加硫ゴム

伸縮自在 ← 硫黄による架橋

ブタジエン

スチレン

重合 → ブタジエン部分（伸縮部分）
スチレン部分（架橋部分）

熱可塑性エラストマー

5.3 ポリエチレンとは何か

　エチレンを原料とした高分子をポリエチレンという。「ポリエチレン」の「ポリ」はラテン語の数詞で「たくさん」という意味である。エチレンは有機化合物の名前である。すなわち「ポリエチレン」は「たくさんのエチレンからできた物」という意味である。

A. ポリエチレン

　エチレンは二重結合を持つ有機化合物の中で最も単純な構造の分子である。エチレンの二重結合が解裂して「ジラジカル」となり、このジラジカルどうしが次々と結合していったものがポリエチレンである。このような結合の仕方を重合という。したがってポリエチレンは、単位構造 CH_2 が延々とつながった化合物と見ることができる。ポリエチレンは最も単純な構造の高分子である（図 5.3a）。

B. ポリエチレンの仲間

　エチレン $H_2C=CH_2$ の4つの水素のうちの1つを他の原子または原子団（R、基）で置き換えた化合物 $H_2C=CHR$ をビニルという。塩素 Cl で置き換えたもの $H_2C=CHCl$ は塩化ビニルである。塩化ビニルはエチレンと同じように重合して高分子となる。このようにしてできた高分子をポリ塩化ビニル（塩ビ）という（図 5.3b）。

　Rがメチル基 CH_3 のものはプロピレンであり、これからできた高分子は「ポリプロピレン」である。Rがフェニル基 C_6H_5 のものはスチレンであり、これからできたものは「ポリスチレン」である。ポリスチレンは発泡剤によって泡を固めたような状態にすることができる。これを「発泡ポリスチレン」（発泡スチロール）といい、断熱材、充填剤などとして多用されている。また、「有機ガラス」（5.6節参照）とよばれ、透明度の高いアクリル樹脂もこの仲間である。

図5.3a ポリエチレンの合成

エチレン → ポリエチレン

エチレンは2本ずつの手で二重に握手している。その1本の握手を解き、空いた手で隣同士次々と結合するとポリエチレンになる。

図5.3b ポリエチレンの仲間

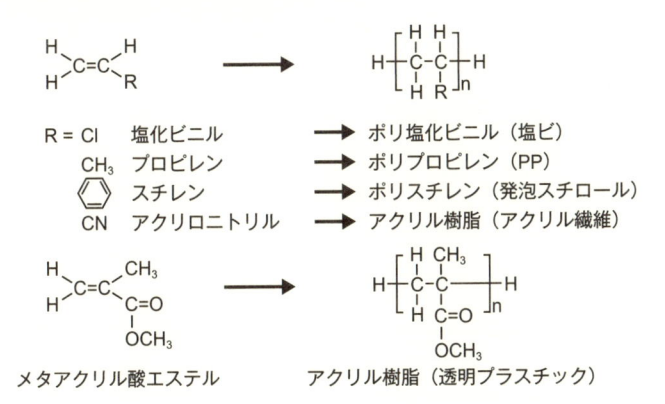

R = Cl　塩化ビニル　　　→ ポリ塩化ビニル（塩ビ）
　　CH₃　プロピレン　　　→ ポリプロピレン（PP）
　　⌬　スチレン　　　　　→ ポリスチレン（発泡スチロール）
　　CN　アクリロニトリル　→ アクリル樹脂（アクリル繊維）

メタアクリル酸エステル → アクリル樹脂（透明プラスチック）

エチレンの4個の水素のうち、1個を別のもの（原子団、置換基）に変えたものを用いると、ポリエチレンの仲間ができる。

5.4 発泡ポリスチレンとは何か

　電気器具などを衝撃から護る白い梱包財、温度変化を避けるための断熱材、さらにはスーパーで刺身を盛る白い皿。発泡ポリスチレン（発泡スチロール）は生活に溶け込んでいる。

A. ポリスチレン

　ポリスチレンはポリエチレンに似た化合物であり、エチレンの水素の1個がフェニル基 C_6H_5 に換わった「スチレン」が重合したものである（図5.4a）。ポリスチレンは固い樹脂であるが、ポリスチレンを加熱して液体にしたものに発泡剤を加える、あるいは気体を吹き込むことによって発泡させたものが発泡ポリスチレンである。

　発泡させるための気体としては、空気、窒素、二酸化炭素、フロンなどが用いられたが、オゾンホールの問題からフロンの使用は中止されている。発泡することにより、緩衝能力が高くなり、断熱効果が高くなるので梱包材、断熱材としてすぐれていることになる。

B. 回収・リサイクル

　発泡ポリスチレンのリサイクルには問題がある。それは発泡してあるため、単位重量当たりの体積が大きく、「輸送コスト」が大きくなってリサイクルの採算がとれないことである。

　そのためにはポリスチレンを溶かして液体あるいは溶液にし、体積を小さくすれば良い。そのための溶媒として用いられたのが「リモネン」である。リモネンはオレンジなどカンキツ類の果皮にある油細胞に含まれる油脂であり、溶解力がすぐれている（図5.4b）。

　リモネンは最近その溶解力と芳香のため、洗剤としても注目されている（4.2節参照）。

図5.4a ポリエチレンとポリスチレン

$$n\begin{bmatrix} HH \\ C=C \\ HH \end{bmatrix} \xrightarrow{+2H} H-\!\!\left[\!\!\begin{array}{c}H\\|\\C=C\\|\\H\end{array}\!\!\begin{array}{c}H\\|\\\\|\\H\end{array}\!\!\right]\cdots$$

エチレン → ポリエチレン

$$n\begin{bmatrix} HH \\ C=C \\ H\phi \end{bmatrix} \xrightarrow{+2H} \text{ポリスチレン}$$

スチレン → ポリスチレン

ポリ：ラテン語の数詞で「たくさん」の意味。

エチレンの水素が1個ベンゼン環に置き換わったものがスチレンであり、これが高分子になったものがポリスチレンである。

図5.4b 発泡のしかた

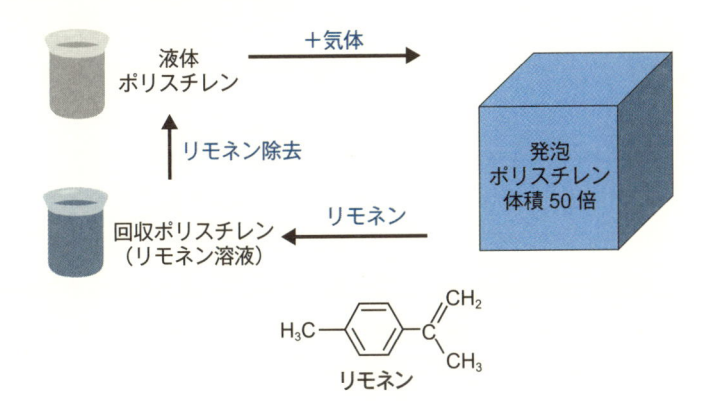

液体ポリスチレン　＋気体　→　発泡ポリスチレン　体積50倍

リモネン除去 ↑

回収ポリスチレン（リモネン溶液）　←　リモネン

リモネン

ポリスチレンの泡が固まったものが発泡ポリスチレンである。これはオレンジから取れるリモネンによく溶ける。

5.5 PETとは何か

「ペットボトル」のペット(PET)は「ポリエチレンテレフタレート」(polyechylene terephthalate)の略である。PETは、「エチレングリコール」と「テレフタル酸」という物質からできた高分子である。

エチレングリコールは、分子内に2個のヒドロキシル基OHを持つ二価アルコールである。またテレフタル酸は分子内に2個のカルボキシル基CO_2Hを持つ二価カルボン酸である (図5.5a)。

A. エステル化

2個の分子が水を外すことによって結合することを一般に「脱水縮合反応」という。そのような反応のうち、アルコールとカルボン酸の間の脱水縮合反応を特に「エステル化」といい、できた物質を「エステル」という。エチレングリコールとテレフタル酸はエステル結合を繰り返すことにより、何処までも延々とつながってゆくことができる。このようにしてできた高分子を一般に「ポリエステル」という。PETはポリエステルの一種である。

B. PET

PETは写真用フィルム、各種テープ、また飲料水のビンなど各種の物質に広く利用される。特にペットボトルは各種飲料水の容器として生活に溶け込んでいる。PETは日常雑貨の原料であることから「汎用樹脂」と考えることができる。一方、そのすぐれた機械的強度、耐摩耗性、耐薬品性から機械部品の原料としても欠かせないものであり、「エンプラ」とも呼ばれている (図5.5b)。

また、ダクロン、テトロンの商品名で売り出された合成繊維もPETを原料として用いたものである。このようにポリエステルを原料とする合成繊維を「ポリエステル繊維」と呼ぶ。

図5.5a PETの生成

$$CH_3-C\overset{O}{\underset{OH}{}} \quad H-O-CH_2-CH_3 \xrightarrow[\text{エステル化}]{-H_2O \text{ 脱水縮合}} CH_3-\overset{O}{\underset{}{C}}-O-CH_2-CH_3$$

酢酸　エチルアルコール　　　　　　　酢酸エチル（エステル）

テレフタル酸（カルボン酸）　エチレングリコール（アルコール）

脱水縮合 → HO-CO-C$_6$H$_4$-CO-O-CH$_2$-CH$_2$-OH

→→ HO-[CO-C$_6$H$_4$-CO-O-CH$_2$-CH$_2$]$_n$-OH

PET（ポリエチレンテレフタレート）

ペット（PET）はポリエチレンテレフタレートの略であり、これが繊維になるとポリエステル繊維と呼ばれる。

図5.5b PETの用途

PETボトル

サラダオイル／○○の名水／烏龍茶／ジュース

テトロンシャツ

フィルム

5.6 有機ガラスとは何か

　透明なプラスチックを有機物でできたガラスということで、「有機ガラス」ということがある。

A. 透明・不透明

　物質が有色になるか無色になるかは、その物質を構成する分子が可視光線を吸収するかどうかにかかっている。吸収すれば有色になり、吸収しなければ無色である。

　透明かどうかは、その物質が全体に均質かどうかにかかっている。液体や単一結晶なら均質であり、透明である。しかし、砕いたガラスが不透明になるように、細かい結晶の寄せ集めになると乱反射が起き、不透明になる（図5.6a）。

　プラスチックの場合には、長い高分子の分子鎖が部分的に整列するとその部分が結晶性を帯びることになる。これを「高分子の結晶化」といい、不透明化の原因となる。ポリエチレンやナイロンは結晶化が起きやすいので高い透明度は得られない。

B. 透明プラスチック

　現在、高い透明度を誇り、有機ガラスといわれているのは「ポリメチルメタアクリレート」（アクリル樹脂）である。水族館の水槽が巨大化しているのは有機ガラスのおかげである（図5.6b）。有機ガラスは溶接が容易である。すなわち、2枚の有機ガラスを合わせ、合わせ目に溶剤を流すと両方のプラスチックがとけ合わさり、溶着されることになる。このため、工場では小さいブロックを作り、それを現場で溶着して巨大化することができるのである。

　アクリル樹脂は柔軟性のない硬質の固体であるが、柔軟なものもあり、それはコンタクトレンズなどに利用されている。

図5.6a 透明プラスチックのしくみと種類

●透明か不透明か

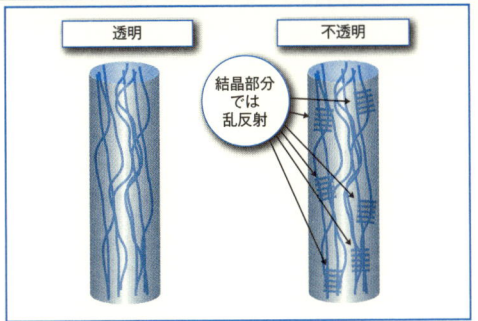

| 透明 | 不透明 |

結晶部分では乱反射

●透明プラスチックの種類

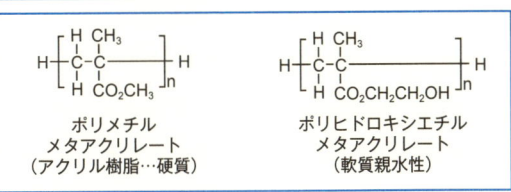

ポリメチルメタアクリレート
（アクリル樹脂…硬質）

ポリヒドロキシエチルメタアクリレート
（軟質親水性）

図5.6b アクリルパネルの接着

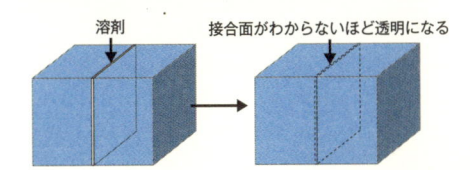

溶剤　　接合面がわからないほど透明になる

「沖縄美ら海（ちゅらうみ）水族館」の「黒潮の海」展示水槽の窓は高さ8.2m、幅22.5m、厚さ60cmという巨大なもので、これは縦8.5m×横3.5m×厚さ4cmのアクリルパネルを研磨し十数枚を積み重ねて溶着したものである。

〔写真提供／共同通信社〕

5 高分子の化学

5.7 熱硬化性樹脂とは何か

　熱可塑性樹脂は、加熱すると軟らかくなる。そのため、鋳型に入れて成形することができる。それに対して食器やテーブル表面などに用いる高分子は加熱しても軟らかくならず、さらに加熱すると木材のように焦げる。このような樹脂を「熱硬化性樹脂」という。

A. 熱硬化性樹脂

　熱硬化性樹脂は軟化しないため、鋳型に入れて成形することができない。そのため、重合度の低い（未完成高分子）軟らかい原料を鋳型に入れ、その状態で加熱して完全に重合させて硬化させる（図5.7a、b）。このため、熱硬化性樹脂といわれる。

　熱硬化性樹脂には「尿素樹脂」「フェノール樹脂」「メラミン樹脂」などがあるが、これらはいずれも原料の一部として「ホルムアルデヒド」を用いる。図5.7cにはフェノール樹脂の合成経路を示した。フェノール分子が「ホルムアルデヒド」を接合剤のように使って3次元の「編み目構造」に高分子化することがわかる。このような剛直な構造のため、加熱しても軟化しないのである。

B. ホルムアルデヒド

　ホルムアルデヒドは有毒であるが、反応してしまえば高分子の一部になり、性質は消失してしまい、何の問題もない。しかし、極少量ではあるが未反応のホルムアルデヒドが残ることがある。このようなホルムアルデヒドは高分子から徐々に染み出して室内大気に混じる。新築家屋の室内に住むと体調に不調が生じることがある。これを「シックハウス症候群」と呼ぶが、その原因の一つは建材に使われた樹脂や、高分子系の接着剤から染み出したホルムアルデヒドであろうといわれている。

図5.7a 熱硬化性樹脂の性質

熱硬化性樹脂 →(加熱)→ 変形しない

図5.7b 熱硬化性樹脂の成形

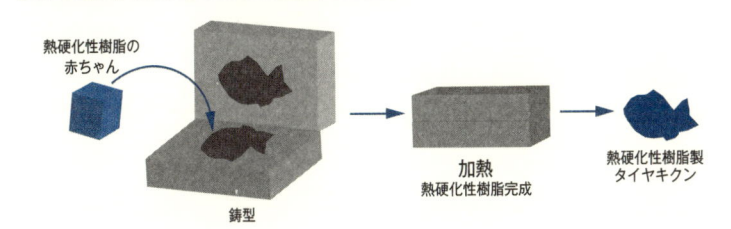

熱硬化性樹脂の赤ちゃん → 鋳型 → 加熱 熱硬化性樹脂完成 → 熱硬化性樹脂製タイヤキクン

図5.7c フェノール樹脂の合成

フェノール + ホルムアルデヒド → 付加体

付加体 + フェノール → $-H_2O$ → フェノール樹脂の網目構造

5.8 接着剤とは何か

　接着剤とは、固体どうしを接着する物質である。伝統的には「糊」（デンプン）や「ニカワ」（タンパク質）などの天然高分子化が使われたが、現在では合成高分子が多い。

A. 接着原理

　接着剤による接着は「固体－接着剤－固体」として固体と固体を接着するものである（図5.8a）。したがって接着の基本は固体と接着剤の間の接合である。固体と接着剤の接合は、最終的には「分子間力」によるものであり、それには水素結合、ファンデルワールス力などがある。

　物理的にはアンカー機構が考えられる。これは固体表面にある微細な孔に高分子が入り込み、あたかも固体表面に錨を沈めたようにして接着するというものである。

B. 接着剤高分子

　接着剤に使われる合成高分子にはゴム系のものと樹脂系のものがある。ゴム系としてはクロロプレンゴムなどが用いられ、乾燥後も柔軟性がある。樹脂系としては尿素樹脂、フェノール樹脂など熱硬化性樹脂がよく使われる。熱硬化性樹脂は原料にホルムアルデヒドを用いるので、未反応のホルムアルデヒドが侵出し、シックハウス症候群の原因になっている。

　極めて接着力の強いものとしてエポキシ樹脂がある（図5.8b）。

C. 瞬間接着剤

　「シアノアクリレート」を用いたものである（図5.8c）。極めて少量でも水があると、それが引き金になって重合が起こるものであり、手術などにも用いられる。

図5.8a 接着の原理

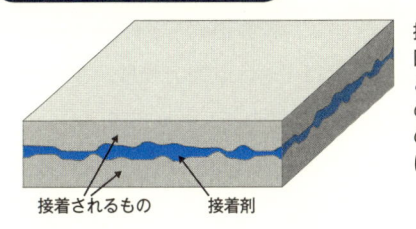

接着剤は2個の固体の間に入って、固体を繋ぎとめるものである。固体と接着剤の結合は化学的には各種の化学結合があり、物理的には固体の隙間に接着剤が入って固まることによる"錨"のような効果がある。

接着されるもの　接着剤

図5.8b エポキシ樹脂

エポキシ　＋　ジアミン

エポキシ樹脂

2個の炭素Cと1個の酸素Oで出来た三員環を一般にエポキシという。エポキシとジアミンが反応するとアミノ基(NH_2)の攻撃によってエポキシ環が開き、エポキシの炭素とジアミンの窒素Nが結合する。このような結合が繰り返すと高分子になる。

図5.8c 瞬間接着剤

水　　シアノアクリレート

高分子化

ごく微量の水によって高分子化がおこり、迅速で強力な接着力が得られる。

5.9 高吸水性高分子とは何か

　水を吸収する力が特別に大きい高分子を「高吸水性高分子」という。自重の 1000 倍以上の重量の水を吸収するものもある。

　紙や布も水を吸収するが、その吸水の機構は主に「毛細管現象」によるものである。しかし、高吸水性高分子ではそれ以外の機構が働いている。

A. 構造

　高吸水性高分子の基本骨格は枝わかれをした構造になっており、三次元の「網目構造」になっている。そして置換基として「カルボキシル基のナトリウム塩 CO_2Na」をたくさん持っている (図 5.9a)。

B. 吸水機構

　高吸水性高分子の吸水機構は 2 段階に分けて考えられる。

① 吸収された水分子は基本骨格の網目構造の中に取り込まれる。水分子はまるで箱の中に入れられたように高分子骨格の中に取り込まれ、出ることができなくなる。

② 吸収された水によってカルボキシル基が電離して「カルボキシル陰イオン CO_2^-」となる。その結果、カルボキシル陰イオンが互いに「静電反発」をするおかげで網目構造が広がる。すなわち箱が大きくなって多くの水が入るようになる。

C. 用途

　オムツやナプキンとしての用途が主なものである。しかしその他に植樹にも利用される。砂漠に高吸水性高分子を埋め、その上に植樹をすると給水の間隔を広げることができる (図 5.9b)。このようにして「砂漠の緑化」に貢献している。また、土木工事における「止水材」としても利用される。

図5.9a 高吸水性高分子の構造

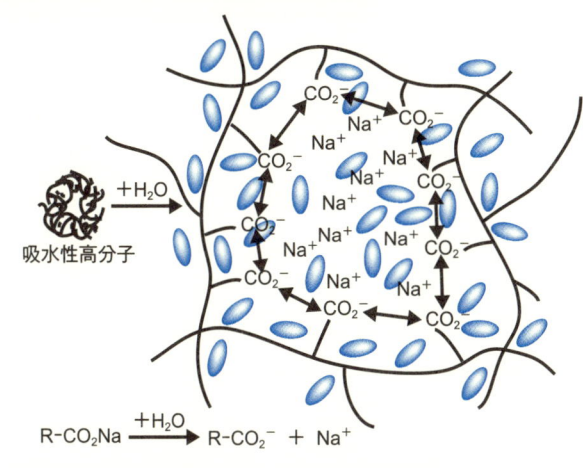

$$R\text{-}CO_2Na \xrightarrow{+H_2O} R\text{-}CO_2^- + Na^+$$

高級水性高分子の吸水機構は二段構えである。まず網目構造で水をシッカリと捕まえる。すると網の中のCOOHが水と反応してCOO⁻となる。そのため、陰イオン同士が反発して網目が広がり、さらに水を吸収するというものである。

図5.9b 高吸水性高分子の用途

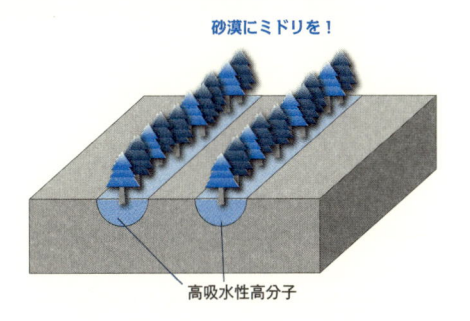

砂漠にミドリを！

高吸水性高分子

高級水性高分子を砂漠に埋め、その上に植物を植えれば給水の回数は少なくて済み、植物が活着する可能性が高くなる。砂漠の緑化として実用化されている。

5.10 合成繊維とは何か

　合成高分子でできた繊維を合成繊維という。「ポリエステル」「アクリル」「ナイロン」は合成繊維の3大原料といわれる。

A. 合成繊維とプラスチック

　ポリエステルである「PET」はフィルムあるいはプラスチックとして使えばペットボトルである。しかし繊維として使うとポリエステル繊維である「テトロン」となり、シャツやスーツとなる。

　ペットボトルのPETとテトロンのPETは全く同じものなのだろうか？　実は同じ高分子でも、樹脂（プラスチック）と繊維では性質が違う。引っ張り強度は繊維が強く、軟化点（暖めて軟らかくなる温度）も繊維の方が高い。なぜ、このような違いが出るのだろうか？　どちらのPETも分子構造は全く同じである。しかし、集合としての構造は全く異なる。ペットボトルでは分子はグジャグジャと集まっただけだが、テトロンでは長い分子が同一方向に並び、かなり整然とした構造をしている。このような構造を「高分子結晶」という。

B. 結晶構造

　すなわち、ナイロン繊維もポリエチレン繊維も、合成繊維はすべて結晶構造をとっている。結晶構造をとっているものだけが繊維としての性質を獲得できるのである。

　このような結晶構造をとらせるために繊維は特別の加工を施される。まず高分子の液体を細いノズルから押し出す。と同時にその端を高速回転するドラムで巻きとって延伸するのである。こうすることによって分子が伸び、方向をそろえて結晶状態となるのである。

　合成繊維は断面を変形したり、極細にしたりと、天然繊維に近づけるための努力が重ねられている。

図5.10a 合成繊維の位置づけ

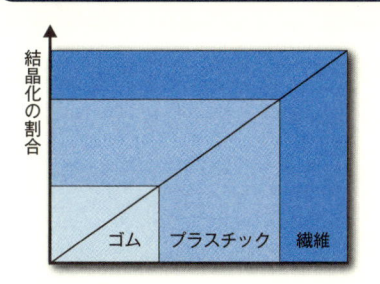

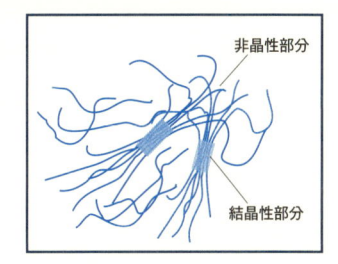

プラスチックは長い分子鎖の集合体であるが、束になっている部分と、房状あるいは無秩序になっている部分がある。束になっている部分を結晶性部分といい、この部分が多いと高分子は硬く、じょうぶになる。ゴムは結晶性部分がほとんどなく、反対に繊維は多くの部分が結晶性である。

図5.10b 合成繊維の構造

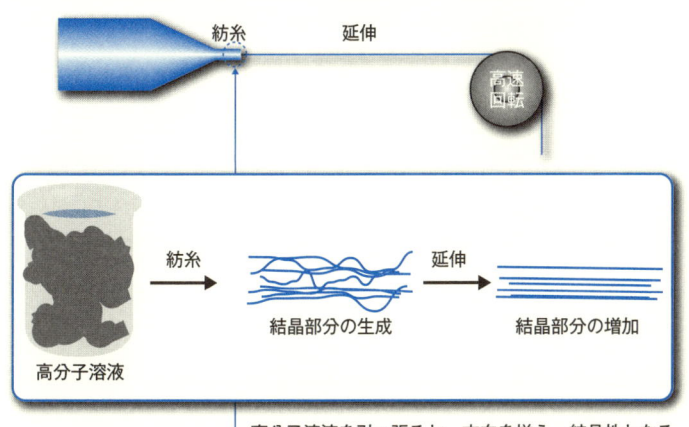

高分子溶液を引っ張ると、方向を揃え、結晶性となる

●天然繊維に近づける努力

5.11 ナイロンとは何か

ナイロンはアメリカ、デュポン社の社員カラザースが開発したものであり、合成が始まったのは 1938 年のことであった。販売に伴うキャッチフレーズは「くもの糸より細く、鋼鉄より強い」というものであり、歴史に残る名キャッチフレーズといわれる。

A. ナイロン 66

ナイロンには各種あるが、最初に開発され、かつ最もよく利用されているのは「ナイロン 66」であろう（図 5.11b）。ナイロン 66 は 2 種の化合物の「脱水縮合反応」によってできる高分子であるが、どちらの原料も 6 個の炭素を含むことからこのような名前で呼ばれる。

原料の一つはヘキサメチレンジアミンであり、メチレン基（CH_2）が 6 個（ヘキサ）結合し、両端に 2 個（ジ）のアミノ基（NH_2、アミン）が結合したものである。もう一つはアジピン酸であり、4 個のメチレン基（C4）の両端にカルボキシル基（CO_2H）が 2 個（C2）結合したものである。

B. ポリアミド

この 2 種の分子のアミノ基とカルボキシル基の間で水が外れると 2 個の分子は脱水縮合することになる。このような反応を一般に「アミド結合」といい、生成物を「アミド」という。このようなことからナイロンは「ポリアミド」とよばれることもある。

ナイロンはロープ、魚網、各種ベルトなど、エンプラとして欠かせないものである。それと同時にナイロン繊維として、汎用樹脂としても生活に溶け込んでおり、特にその丈夫なことから靴下、ストッキングとして多用された。「戦後（第二次大戦後）強くなった代表的なもの」として、女性とともに並び称された。

図5.11a 巨大なナイロン・レッグ

ナイロン製ストッキングの登場は当時のファッションに革新をもたらした。それを象徴するかのようにロス・アンジェルスに広告塔としてお目見えした巨大な足は、クレーンの先にいる、女優マリー・ウィルソンの足をかたどったもの。重さ2トン、高さ10mにもおよぶ。

〔写真提供／デュポン株式会社〕

図5.11b ナイロン66の生成

$$R-\underset{\|}{\overset{O}{C}}-OH \;\; H-\underset{}{\overset{H}{N}}-R' \xrightarrow[\text{アミド化}]{-H_2O\;\text{脱水結合}} R-\underset{\|}{\overset{O}{C}}-\underset{}{\overset{H}{N}}-R'$$

カルボキシル基　アミノ基　　　　　　　　　　　　　アミド
カルボン酸　アミン

$$HO-\underset{\|}{\overset{O}{C}}-(CH_2)_4-\underset{\|}{\overset{O}{C}}-OH \;\; H-\underset{}{\overset{H}{N}}-(CH_2)_6-\underset{}{\overset{H}{N}}-H$$

アジピン酸　　　ヘキサメチレンジアミン

$$\xrightarrow[\text{脱水結合}]{} HO-\underset{\|}{\overset{O}{C}}-(CH_2)_4-\underset{\|}{\overset{O}{C}}-\underset{}{\overset{H}{N}}-(CH_2)_6-\underset{}{\overset{H}{N}}-H \longrightarrow HO\left[\underset{\|}{\overset{O}{C}}-(CH_2)_4-\underset{\|}{\overset{O}{C}}-\underset{}{\overset{H}{N}}-(CH_2)_6-\underset{}{\overset{H}{N}}\right]_n H$$

ナイロン 66

カルボン酸であるアジピン酸と、アミンであるヘキサメチレンジアミンがアミド結合したものがナイロン 66 である。

COLUMN 05

元素の種類

　すべての物質は原子からできている。原子の種類は元素と呼ばれる。物質の種類は無限大であるが、地球上に安定に存在する元素はおよそ92種類に過ぎない。

　その元素を整理した表が周期表である。周期表の上に1〜18の番号が振ってあり、これを族番号という。周期表は元素のカレンダーであり、族番号は曜日と同じである。何日であろうと金曜はハナキンであり、日曜はハッピーサンデーである。同じように1族の元素はみな似た性質を持っており、2族もまた同様である。12〜18族も同様に、族ごとに特有の性質を持っており、まとめて典型元素といわれる。一方、3〜11族の元素はみな似た性質を持っており、まとめて遷移元素といわれる。

第6章
環境・資源の化学

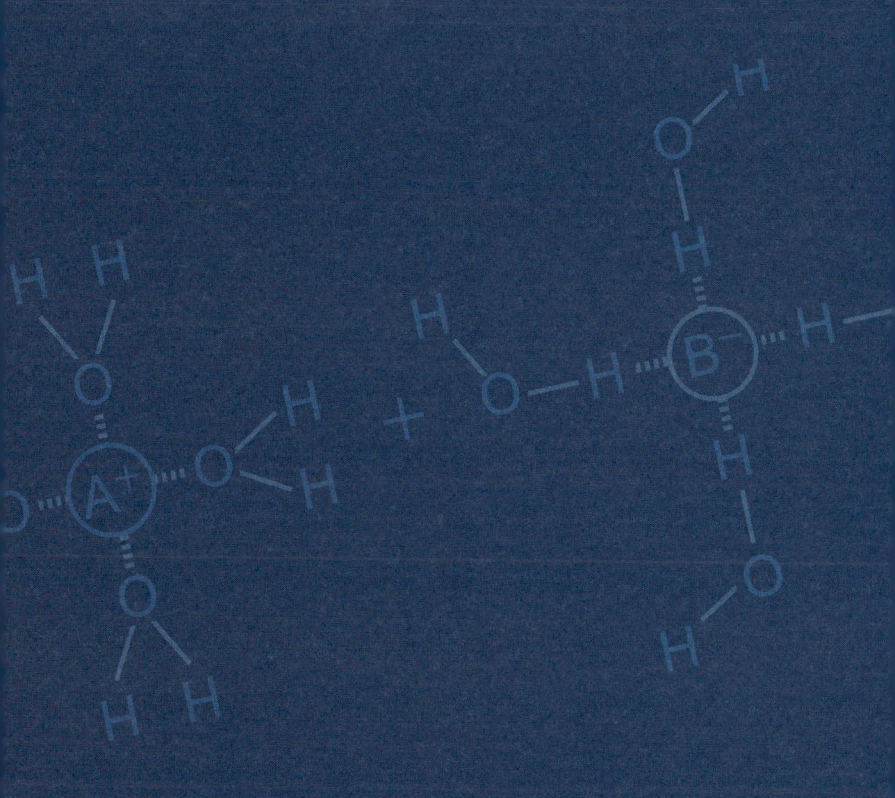

6.1 地球温暖化とは何か

　地球には太陽エネルギーが熱や光の形で送られてくる。このエネルギーがたまったら地球は灼熱の惑星になり、生物は蒸発してしまう。地球が灼熱の惑星にならないのは、地球に入ってくる太陽エネルギーの量と、地球から逃げ出していくエネルギーの量がつりあっているからである。

　地球は冷たい「氷河期」とそうでない「間氷期」とを繰り返してきた。現在は間氷期であり、やがて寒くなるものと思われている (図6.1a)。

A. 温度変化

　図6.1bは最近の地球の年平均気温の移動である。年々温度が高くなっていることがわかる。このまま推移すると21世紀の終わりには平均気温が3℃上昇するという。すると、南極大陸や氷河の氷が溶けて海に入る。また、膨大な量の海水が温度によって膨張する。その結果、海面が平均50cm上昇するという。現在の海岸は海の底に沈むことになる。

B. 温室効果ガス

　地球の温度が高くなるのは二酸化炭素をはじめとした温室効果ガスが増えているためという。地球は大気に覆われている。大気の中には温度を溜め込む性質を持つものがある。このような気体に囲まれると、地球から逃げ出すべきエネルギーが逃げ出すことができなくなり、地球はまるで温室にでも入ったように温まってゆく。そのため、このような効果を持つガスを温室効果ガスという。

　気体が持つ温室効果の度合いは「地球温暖化ポテンシャル」という尺度で測ることができる (表6.1)。メタン (6.3節参照) やフロン (6.4節参照) は大きな効果を持つことがわかる。

図6.1a 氷河期と間氷期

| 60 | 58 | 63 | 54 | 50 | 47 | 40 | 33 | 30 | 23 | 20 | 17 | 13 | 10 | 7 | 1.5 |

ドナウI氷期 / ドナウII氷期 / (間氷期) / ギュンツ氷期 / ミンデル氷期 / リス氷期 / ヴュルム氷期

現代 →

現代は間氷期であり、次の氷期に向けて徐々に気温低下していくものと思われているが、実際には上昇している。

図6.1b 気温の上昇

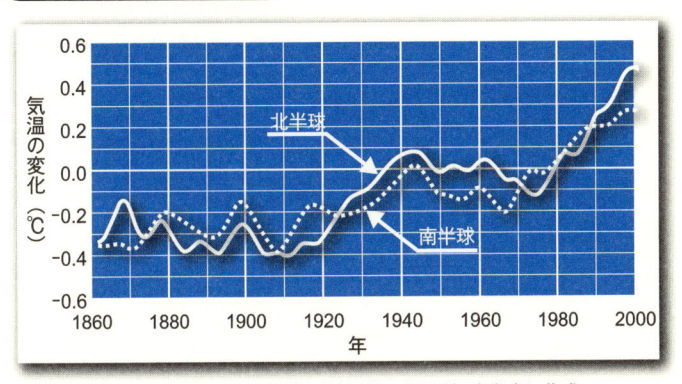

※御代川喜久夫『環境科学の基礎』(培風館、2003)を参考に作成

表6.1 温室効果ガス

物質	化学式	分子量	産業革命以前の濃度	現在の濃度	地球温暖化ポテンシャル
二酸化炭素	CO_2	44	280 ppm	358 ppm	1
メタン	CH_4	16	0.7 ppm	1.7 ppm	26
一酸化窒素	NO_2	46	0.28 ppm	0.31 ppm	270
対流圏オゾン	O_3	48	—	0.04 ppm	204

地球温暖化ポテンシャルとは気体が熱を保持する力を表したもので、二酸化炭素の値を基準として表される。

6.2 二酸化炭素とは何か

炭素が燃焼すると二酸化炭素 CO_2 になる。地球温暖化の主な原因は CO_2 の増加にあるといわれる。しかし、「地球温暖化ポテンシャル」を見ると CO_2 は決して大きくはない。にもかかわらず CO_2 の影響が強調されるのは、CO_2 の量が大きいからである。どれくらい大きいか計算してみよう。

A. 石油の燃焼

20L の石油が燃焼したらどれくらいの CO_2 が発生するか考えてみよう（図 6.2a）。石油は「炭化水素」であり、構造は $H(CH_2)_nH$ で表される。石油 1 分子が燃えると n 個の CO_2 が生成する。石油の「分子量」は簡単に考えれば CH_2 の n 倍であるから 14n である。それに対して CO_2 の分子量は 44 だから n 個では 44n になる。

すなわち 14ng の石油が燃えると 44ng の CO_2 が発生するのである。石油の比重を 0.7 とすると 20L の石油は 14kg である。この石油が燃えると 44kg の CO_2 が発生することになる。10 万トンのタンカーの石油が燃えると 30 万トンの CO_2 が発生するのである。

B. 化石燃料

植物が燃えても CO_2 が発生する。しかし、植物は空気中の CO_2 を「光合成」によって固定したものである。薪が燃えて出した CO_2 は、元々大気中に存在した CO_2 である。その意味で、地球上に CO_2 を増やしたことにはならない。他の植物がこの CO_2 を回収してくれる。

それに対して石油や石炭などの「化石燃料」は大昔の CO_2 が固定されたものである。いわば CO_2 の缶詰である。缶詰から出た CO_2 は二度と回収される見込みのないものなのである（図 6.2b）。

図6.2a 石油の構造と二酸化炭素の生成量

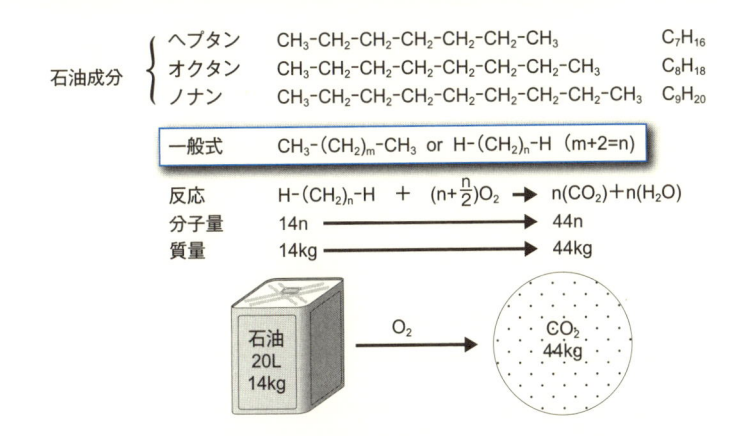

石油成分
- ヘプタン　　$CH_3-CH_2-CH_2-CH_2-CH_2-CH_2-CH_3$　　　　　C_7H_{16}
- オクタン　　$CH_3-CH_2-CH_2-CH_2-CH_2-CH_2-CH_2-CH_3$　　C_8H_{18}
- ノナン　　　$CH_3-CH_2-CH_2-CH_2-CH_2-CH_2-CH_2-CH_2-CH_3$　C_9H_{20}

一般式　　$CH_3-(CH_2)_m-CH_3$ or $H-(CH_2)_n-H$ (m+2=n)

反応　　$H-(CH_2)_n-H + (n+\frac{n}{2})O_2 \rightarrow n(CO_2)+n(H_2O)$
分子量　　14n　　　　　　　　　　　　　　44n
質量　　　14kg　　　　　　　　　　　　　44kg

石油20L 14kg → O_2 → CO_2 44kg

石油の分子量は、炭素、水素の原子量がそれぞれ12、1なので、(12+1×2)×n＝14n。一方、二酸化炭素の分子量は酸素の原子量が16なので12+16×2=44となり、1個の石油分子からn個の二酸化炭素ができるので、総量としては44nとなる。

図6.2b 再生可能燃料と化石燃料

薪（植物）は燃えて二酸化炭素となるが、それは他の植物がまた木材に変えるので、結局循環することになる。

6 環境・資源の化学

6.3 オゾンとは何か

酸素原子が3個結合してできた分子 O_3 を「オゾン」という。普通の酸素分子は酸素原子が2個結合したもの、O_2 である。このように単一の原子でできていながら、互いに構造の異なるものを「同素体」という。

A. 性質

わずかに青みがかった気体であり、生臭いような匂いがある。不安定であり、分化して酸素分子と酸素原子になるため、強い酸化作用を持つ。そのため、酸化剤、殺菌剤、漂白剤などに用いられる。

酸素を紫外線で照射したり、酸素中で放電することによって生成し、自然界では高山や海岸に多く存在する。人体には有毒であるとされる。光化学スモッグの原因物質であるという。

B. オゾン層

成層圏の一部、高度25kmあたりを中心にオゾンが多い層があり、これをオゾン層という。酸素分子が、宇宙線として地球に照射される紫外線と反応して生じたものである (図6.3a)。

生成したオゾンは紫外線を吸収して熱エネルギーに変換する。このため、地球は有害な高エネルギー紫外線にさらされることがない。

C. オゾンホール

ところがこのオゾン層に孔が空いていることがわかった。これがオゾンホールであり、主に南極上空に多い。この孔から地球に達した紫外線は人に皮膚ガンなどを生じさせるという統計データがある。オゾンホールの原因はフロンであるといわれている。オゾンホールの直径は徐々に大きくなっており (図6.3b)、フロンは製造、使用が禁止されるにいたった (6.4節参照)。

図6.3a 酸素の同素体オゾンと地球

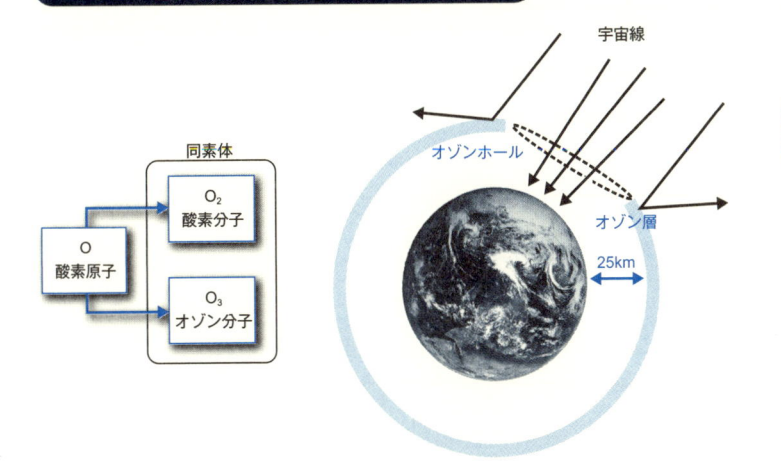

地球には有害な宇宙線が日夜降り注いでいるが、それを遮っているのが成層圏の一部にあるオゾン層である。〔photo by NASA〕

図6.3b オゾンホール面積の推移

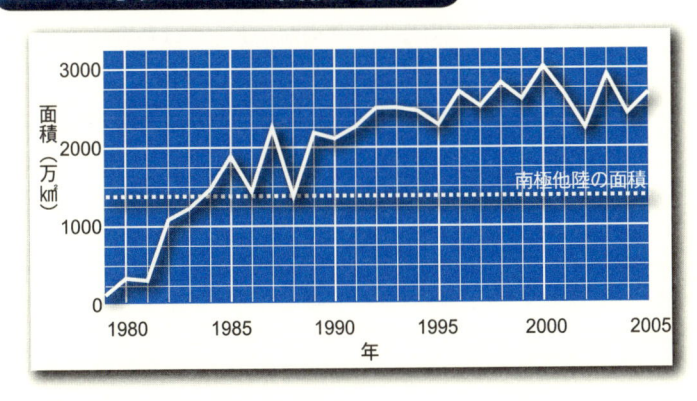

オゾンホールができたのは1980年頃であり、以来、成長を続けて、最近では南極大陸の2倍ほどの面積になっている。〔※グラフは「オゾン層観測報告：2006」（気象庁）による〕

6.4 フロンとは何か

　フロンは天然には存在しない化合物であり、米国デュポン社が開発販売したものである。

A. フロンの構造

　フロンは炭素 C、フッ素 F、塩素 Cl からできた分子である。命名法は国際ルールで定められており、コード番号で表す。番号の 1 位はフッ素の個数、10 位は水素数 + 1、100 位は炭素数 − 1 となっている。したがってフロン 11 はフッ素数 = 1、水素数 = 1 − 1 = 0、炭素数 = 0 + 1 = 1 であり、FC となる。結合手の余った分は塩素と結合するので、結局分子式は $FCCl_3$ となる。

B. フロンの性質と用途

　いくつかのフロンの構造、名前、主な性質を表 6.4 とその下段図に示した。一般にフロンは沸点が低い。この性質を利用して冷蔵庫やエアコンの冷媒として多用された。また、スプレーの噴霧ガス、さらにはウレタンフォームなどの発泡剤、あるいは精密電子デバイス（素子）の洗浄にも用いられた。

C. フロンとオゾンの反応

　スプレーガスや発泡ガスとして空気中に放散されたフロンは大気の対流に乗って上昇し、やがて「オゾン層」に達する。このフロンがオゾンと反応してオゾンを破壊し、オゾン層に孔を開けたのである。

　オゾンを破壊するのはフロンから発生した「塩素ラジカル」である。しかも塩素ラジカルは、図 6.4 に示した反応機構によって「連鎖反応」としてオゾンと反応し、1 個の塩素ラジカルが数千個のオゾン分子を破壊するという。

表6.4 フロンの種類とその用途

物質	化学式	分子量	沸点(℃)	用途	地球温暖化ポテンシャル
フロン11	CCl_3F	137.4	23.8	発泡、エアロゾル、冷媒	4500
フロン12	CCl_2F_2	120.9	−30.0	冷媒、発泡、エアロゾル	7100
フロン113	$CClF_2CCl_2F$	187.4	47.6	洗浄剤、溶剤	4500
フロン114	$CClF_2CCl_2F_2$	170.9	3.8	冷媒	−
フロン115	$CClF_2C_2F_3$	154.5	−39.1	冷媒	−

冷蔵庫　エアコン　各種スプレー

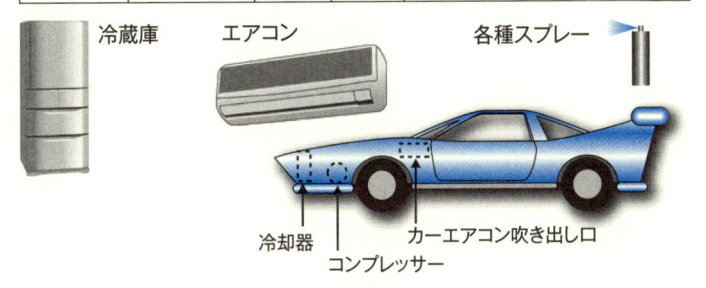

冷却器　コンプレッサー　カーエアコン吹き出し口

フロンは人間が作り出した化合物であり、炭素 C、塩素 Cl、フッ素 F からなる物質であり、沸点が低い。

図6.4 フロンとオゾンの反応

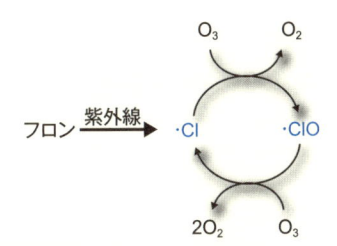

$CCl_3F \xrightarrow{紫外線} \cdot CCl_2 + \cdot Cl$　塩素ラジカル生成

$\cdot Cl + O_3 \longrightarrow O_2 + \cdot ClO$　オゾン破壊

$2 \cdot ClO \longrightarrow O_2 + 2 \cdot Cl$　塩素ラジカル再生

フロン $\xrightarrow{紫外線}$ ·Cl ⇄ ·ClO （$O_3 \to O_2$、$2O_2 \to O_3$ の循環）

フロンは分解して塩素を発生する。この塩素がオゾンを破壊するのだが、1個の塩素は数千個のオゾンを破壊する。

6.5 貴金属とは何か

　化学的に貴金属というと金 Au、銀 Ag、銅 Cu、白金 Pt、水銀 Hg などをいうが、宝飾界では金、銀、白金をいう。

A. 金

　比重 19.3 で鉄の 7.7 などに比べて非常に大きい。化学的に安定であり変質しないので美しい輝きをほぼ永久的に保つ。

　「展性」(薄く広く展ばせる性質)、「延性」(長く細く延びる性質) にすぐれ、箔にすると透かして外界が見えるほどになる。金箔を透かすと外界は青緑に見える。1g の金は薄く展ばすと 1 平方メートルにまで展ばせ、細く長く針金に伸ばすと 2800m にまで延びる。

　合金における金の含有量は「純金を 24K」で表す。したがって 18K は 18/24 で金の含有量は 75%となる。金は美しさ、経済的な価値に比して化学的な用途は限られている。

B. 銀

　白色の美しい金属であるがイオウと化合し黒く変色する。比重は 10.5。写真の「フィルム」に多量に用いられていたが、写真のデジタル化に伴ってその用途は限られてこよう。

C. 白金

　白色の美しい金属で化学的に安定である。比重は 21.5 で非常に重い。貴金属として最高の地位を保っているが、化学的にも非常に重要である。熱電対、白金るつぼ、などのほか、燃料電池を始め各種の化学反応の「触媒」として欠かせないものである。その需要は今後ますます高まるものと思われる。

D. ホワイトゴールド

　和訳すれば白金であろうが、白金は元素プラチナ Pt のことであ

り、プラチナとホワイトゴールドは全く無関係である。すなわちホワイトゴールドは金を主成分とした「合金」なのである。

図6.5a 周期表でみる貴金属・希少金属

族/周期	1	2	3	4	5	6	7	8	9	10	11	12	13	14	15	16	17	18
1	1 H 水素 1.008																	2 He ヘリウム 4.003
2	3 Li リチウム 6.941	4 Be ベリリウム 9.012		原子番号 元素記号 元素名 原子量		貴金属 希少金属							5 B ホウ素 10.81	6 C 炭素 12.01	7 N 窒素 14.01	8 O 酸素 16	9 F フッ素 19	10 Ne ネオン 20.18
3	11 Na ナトリウム 22.99	12 Mg マグネシウム 24.31											13 Al アルミニウム 26.98	14 Si ケイ素 28.09	15 P リン 30.97	16 S 硫黄 32.07	17 Cl 塩素 35.45	18 Ar アルゴン 39.95
4	19 K カリウム 39.1	20 Ca カルシウム 40.08	21 Sc スカンジウム 44.96	22 Ti チタン 47.88	23 V バナジウム 50.94	24 Cr クロム 52	25 Mn マンガン 54.94	26 Fe 鉄 55.85	27 Co コバルト 58.93	28 Ni ニッケル 58.69	29 Cu 銅 63.55	30 Zn 亜鉛 65.39	31 Ga ガリウム 69.72	32 Ge ゲルマニウム 72.61	33 As ヒ素 74.92	34 Se セレン 78.96	35 Br 臭素 79.9	36 Kr クリプトン 83.8
5	37 Rb ルビジウム 85.47	38 Sr ストロンチウム 87.62	39 Y イットリウム 85.91	40 Zr ジルコニウム 91.22	41 Nb ニオブ 92.91	42 Mo モリブデン 95.94	43 Tc テクネチウム (99)	44 Ru ルテニウム 101.1	45 Rh ロジウム 102.9	46 Pd パラジウム 106.4	47 Ag 銀 107.9	48 Cd カドミウム 112.4	49 In インジウム 114.8	50 Sn スズ 118.7	51 Sb アンチモン 121.8	52 Te テルル 127.6	53 I ヨウ素 126.9	54 Xe キセノン 131.3
6	55 Cs セシウム 132.9	56 Ba バリウム 137.3	ランタノイド	72 Hf ハフニウム 178.5	73 Ta タンタル 180.9	74 W タングステン 183.8	75 Re レニウム 186.2	76 Os オスミウム 190.2	77 Ir イリジウム 192.2	78 Pt 白金 195.1	79 Au 金 197	80 Hg 水銀 200.6	81 Tl タリウム 204.4	82 Pb 鉛 207.2	83 Bi ビスマス 209	84 Po ポロニウム (210)	85 At アスタチン (210)	86 Rn ラドン (222)
7	87 Fr フランシウム (223)	88 Ra ラジウム (226)	アクチノイド															

化学的な貴金属は、周期表で彩色を施したものである。似たような言葉で「希少金属」というものもあるが、こちらは、「非鉄金属のうち種々の理由から産業界での流通量・使用量が少なく希少な金属」を意味し、一部の貴金属より高価なものもある。

図6.5b 貴金属の特徴

	金（Au）	銀（Ag）	白金（Pt）	(ホワイトゴールド)
比重	19.3	10.5	21.5	
色	黄	白	白	白
融点	1063℃	950℃	1774℃	
沸点	2970℃	1980℃	3804℃	
価格※	約3000円/g	約40円/g	約4000円/g	

※2009年4月現在(価格は変動します)

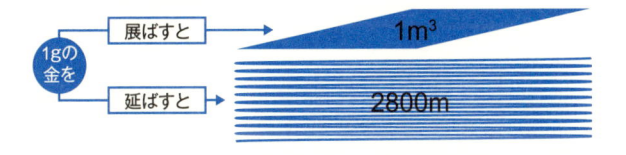

1gの金を　展ばすと　1m³
1gの金を　延ばすと　2800m

6 環境・資源の化学

6.6 希土類元素とは何か

　周期表の3族のうち、スカンジウム Sc、イットリウム Y、それとランタノイド元素15種をあわせた、全17種の元素を「希土類元素」あるいは「希土類」と呼ぶ (図6.6a)。

A. 用途

　希土類は基本的に性質が似ている。いずれも金属元素で+3価の陽イオンになりやすく、酸化物をつくりやすい。スカンジウムを除く16元素はよく似ているので、同一鉱物の中に何種類かの希土類が混じって存在することが多い。この場合、個々の元素に分離することは困難が多く、混合物として用いることもある。

　希土類は現代科学の寵児である。その合金、化合物あるいはセラミックスは、超強力永久磁石（サマリウム Sm、ネオジウム Nd）、超伝導体（イットリウム Y）、「蛍光体」、水素吸蔵合金（ランタン La）、酸素センサー（イットリウム）、研磨剤（セリウム Ce）、磁性半導体（ユーロピウム Eu）、レーザー（イットリウム、ネオジウム）など、現代科学を支える材料として欠かせない (図6.6b)。

B. 産出

　問題はその産出地である。希土類元素は地殻での埋蔵量が少ない上に、その存在が偏っている。今のところ、中国が世界の90%を産出しており、世界の需要の半分を日本が占めている。日本は中国から「風化花崗岩」を輸入し、そこから希土類を抽出している。

　しかし、早晩世界中で希土類の「争奪戦」が起こることが予想され、今後、インド、オーストラリア、ブラジルなどの産出量の増大が望まれるところである。日本でも国内のマンガン鉱床に高濃度で含まれることが判明し、期待がもたれている。

図6.6a 周期表における希土類元素

族\周期	1	2	3	4	5	6	7	8	9	10	11	12	13	14	15	16	17	18
1	1 H 水素 1.008																	2 He ヘリウム 4.003
2	3 Li リチウム 6.941	4 Be ベリリウム 9.012											5 B ホウ素 10.81	6 C 炭素 12.01	7 N 窒素 14.01	8 O 酸素 16	9 F フッ素 19	10 Ne ネオン 20.18
3	11 Na ナトリウム 22.99	12 Mg マグネシウム 24.31											13 Al アルミニウム 26.98	14 Si ケイ素 28.09	15 P リン 30.97	16 S 硫黄 32.07	17 Cl 塩素 35.45	18 Ar アルゴン 39.95
4	19 K カリウム 39.1	20 Ca カルシウム 40.08	21 Sc スカンジウム 44.96	22 Ti チタン 47.88	23 V バナジウム 50.94	24 Cr クロム 52	25 Mn マンガン 54.94	26 Fe 鉄 55.85	27 Co コバルト 58.93	28 Ni ニッケル 58.69	29 Cu 銅 63.55	30 Zn 亜鉛 65.39	31 Ga ガリウム 69.72	32 Ge ゲルマニウム 72.61	33 As ヒ素 74.92	34 Se セレン 78.96	35 Br 臭素 79.9	36 Kr クリプトン 83.8
5	37 Rb ルビジウム 85.47	38 Sr ストロンチウム 87.62	39 Y イットリウム 88.91	40 Zr ジルコニウム 91.22	41 Nb ニオブ 92.91	42 Mo モリブデン 95.94	43 Tc テクネチウム (99)	44 Ru ルテニウム 101.1	45 Rh ロジウム 102.9	46 Pd パラジウム 106.4	47 Ag 銀 107.9	48 Cd カドミウム 112.4	49 In インジウム 114.8	50 Sn スズ 118.7	51 Sb アンチモン 121.8	52 Te テルル 127.6	53 I ヨウ素 126.9	54 Xe キセノン 131.3
6	55 Cs セシウム 132.9	56 Ba バリウム 137.3	ランタノイド	72 Hf ハフニウム 178.5	73 Ta タンタル 180.9	74 W タングステン 183.8	75 Re レニウム 186.2	76 Os オスミウム 190.2	77 Ir イリジウム 192.2	78 Pt 白金 195.1	79 Au 金 197	80 Hg 水銀 200.6	81 Tl タリウム 204.4	82 Pb 鉛 207.2	83 Bi ビスマス 209	84 Po ポロニウム (210)	85 At アスタチン (210)	86 Rn ラドン (222)
7	87 Fr フランシウム (223)	88 Ra ラジウム (226)	アクチノイド															

ランタノイド	57 La ランタン 138.9	58 Ce セリウム 140.1	59 Pr プラセオジム 140.9	60 Nd ネオジム 144.2	61 Pm プロメチウム (145)	62 Sm サマリウム 150.4	63 Eu ユウロピウム 152	64 Gd ガドリニウム 157.3	65 Tb テルビウム 158.9	66 Dy ジスプロシウム 162.5	67 Ho ホルミウム 164.9	68 Er エルビウム 167.3	69 Tm ツリウム 168.9	70 Yb イッテルビウム 173	71 Lu ルテチウム 175
アクチノイド	89 Ac アクチニウム (227)	90 Th トリウム 232	91 Pa プロトアクチニウム 231	92 U ウラン 238	93 Np ネプツニウム (237)	94 Pu プルトニウム (239)	95 Am アメリシウム (243)	96 Cm キュリウム (247)	97 Bk バークリウム (247)	98 Cf カリホルニウム (252)	99 Es アインスタイニウム (252)	100 Fm フェルミウム (257)	101 Md メンデレビウム (258)	102 No ノーベリウム (259)	103 Lr ローレンシウム (260)

周期表の3族のうち、彩色を施した3つの元素とランタノイド元素15種をあわせた17種の元素を希土類元素という。

図6.6b 希土類元素の使用例

超強力磁石（サマリウム）

磁石の重さの数百倍

YAGレーザー（YAG:イットリウム・アルミニウム・ガーネット）

改良型の超電導磁気浮上式リニアモーターカー。山梨リニア実験線で2009年4月3日から試験車輌が公開され、走行試験が開始された。

　開発中の超電導リニアモーターカーではニオブチタン系合金とともにイットリウムなどが超電導磁石の材料として、研究、使用されている。

〔写真提供／共同通信社〕

6.7 アマルガムとは何か

　水銀と他の金属の合金を「アマルガム」という。

　砂糖は水に溶けるが油には溶けない。砂糖1分子にはOH原子団が8個あり、水分子はOH原子団そのもののようなものである。そのため、似た原子団どうしが引き合うようにして互いに交じりあって溶ける。このように「似たものは似たものを溶かす」。それに対して油にはOH原子団がないので砂糖は油に溶けない (表6.7)。

A. アマルガム

　金は「似ていない」水には溶けないが、「似ている」金属には溶ける。常温で液体の金属は水銀であり、水銀は金を溶かすのである。金を溶かした水銀を金アマルガムといい、泥状の物質である。水銀は多くの金属を溶かしてアマルガムをつくる。銀とスズのアマルガムは「歯の充填材」に用いられ、鉛、スズ、ビスマスのアマルガムは鏡の反射面をつくるのに用いられる。

B. 金メッキ

　金アマルガムは昔から「金メッキ」に用いられてきた。そのためにはまず、メッキしたい銅像に金アマルガムを塗る。銅像全体を加熱すると、沸点の低い (沸点356.6℃) 水銀は気体となって蒸発し、銅像の表面には金だけが残り、金メッキされたことになる (図6.7)。

　奈良の大仏も創建当時は金メッキされていたのであり、記録によれば金9トン、水銀50トンを用いたという。すなわち、奈良盆地の狭い領域に50トンの水銀蒸気が立ち込めたのである。住民の健康がただで済んだとは思えない。国家をあげて中国長安の都を模した大事業の末に完成させた平城京がわずか70数年で長岡京に遷都したのはこのような原因もあったのではと疑わせる事実である。

表6.7 似たものは似たものを溶かす

溶媒		溶質		
種類	物質	イオン性	分子	金属
		$CaCl_2$ 塩化カルシウム	ナフタレン	Au 金
イオン性	H_2O　水	○	×	×
非イオン性	C_6H_{14}　ヘキサン	×	○	×
金属	Hg　水銀	×	×	○

溶解の原理は「似たものは似たものを溶かす」である。金も同じ金属である水銀には溶ける。

図6.7 金メッキのプロセス

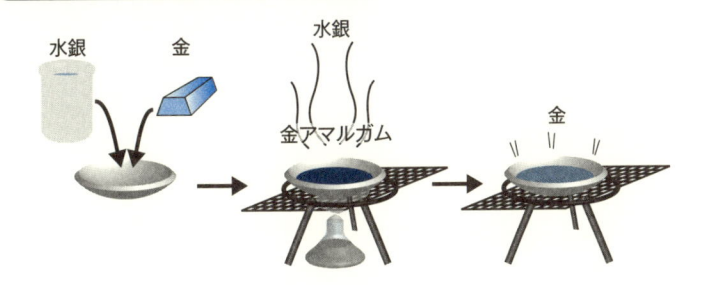

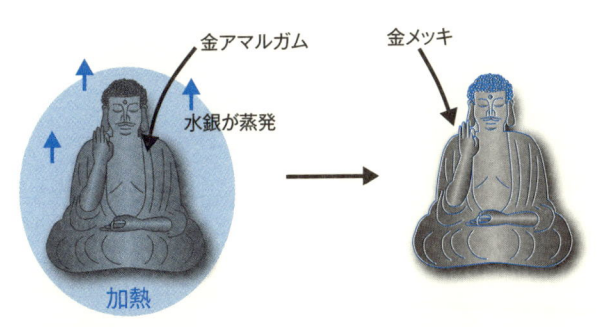

金アマルガムを銅像に塗り、加熱すると水銀だけが蒸発して金が残り、銅像がメッキされる。

6.8 ガラスとは何か

　水晶は二酸化ケイ素 SiO_2 の結晶である。その構造は図 6.8a（上）に示したように、3次元に渡って整然としている。この状態を模式的に図 6.8a（左下①）で表そう。水晶を高温に熱すると融けて液体になり、流動状態（右下②）になる。②をゆっくりと冷やすと、原子は①に戻ることなく、②のまま固まってしまう。すなわち、液体の固体のような状態である。このような固体をガラスと呼ぶ。

A. 着色

　ガラスに酸素とケイ素以外の元素を混ぜると、種々の性質を示すことになる。色がつく（着色する）のもその一例である。普通のガラス（ソーダガラス）が青緑色に見えるのは酸化鉄 Fe_2O_3 による着色である。また、金 Au、銅 Cu、セレン Se などを混ぜると赤くなるのもその例である。

B. 硬質

　ガラスに酸化鉛 PbO_2 を混ぜると透明度が高くなり、かつ屈折率が大きくなるので鋭い輝きを示すようになる。鉛は最大でガラス重量の 30% 程度まで混ぜることができる。これが「クリスタルグラス」である。クリスタルグラスは鉛を多く含むので放射能を遮断する能力を持ち、原子力産業の「放射線遮断ガラス」としても用いられる。

　ホウ酸 B_2O_5 を混ぜると、「熱膨張率」が小さくなるので、熱湯などを入れてもひずみが生じることなく、「耐熱性」が高くなる。そのため、理化学ガラス、あるいは料理器具用ガラスとして用いられる。また、軟化点が高く、細工しにくいところから「硬質ガラス」とも呼ばれる。商品名は「パイレックス」などである。

図6.8a ガラスの構造

● SiO_2 の結晶（水晶）

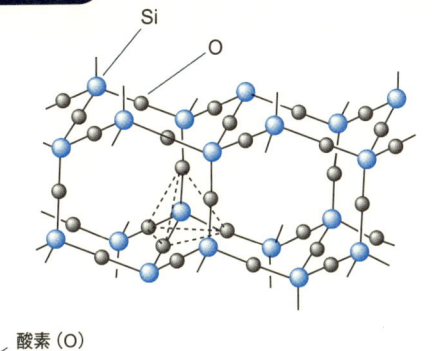

① 上の模式図　酸素（O）　ケイ素（Si）

② ガラスの模式図

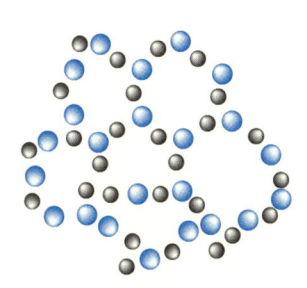

結晶では原子が3次元に整然と積み重なっているが、ガラスでは整然さは失われ、液体のようになっている。

6.9 アモルファスとは何か

　結晶は原子、分子などの粒子が3次元に渡って整然と積み重ねられた状態である。粒子は振動はするものの位置を変えることなく、静止している。それに対して液体では粒子は規則性を失い、勝手な位置で勝手な方向に移動している。しかし、粒子間の距離は結晶状態とほぼ同じなので、結晶と液体の比重はほぼ同じである。

A. アモルファス

　結晶を融点以上に加熱すると粒子は「規則性」を失い、「自由行動」を始めて液体となる。一方、液体を融点以下に冷却すると、粒子は元の位置に戻り、結晶に戻る。

　それでは液体を急速に冷却したらどうなるだろうか？　粒子は元の位置に戻る時間のないまま「運動エネルギー」を失い、固定されてしまう。すなわち、液体の構造のまま固体となる。これは結晶とは異なる固体状態である (図6.9a、b)。このような状態を「非晶質結晶」、あるいは「アモルファス」、あるいは「ガラス状態」という。すなわち、最も身近なアモルファスは「ガラス」である。

B. アモルファス金属

　金属にもアモルファス状態がある。普通の金属は微小な単結晶の集合体である。それに対してアモルファス金属では固体全体に金属結合のネットワークが広がる。そのため、既存の金属とは違ったすぐれた性質が現れる。金属をアモルファスにするためには「急速冷却」が必要であり、種々の工夫、技術が開発されている。

　また、均質なアモルファスにするためには重力の影響も無視できない。そのため、宇宙空間でのアモルファス製造も検討されている。

図6.9a アモルファスの状態の出現

き〜んこ〜ん、かんこ〜ん（融点です！）

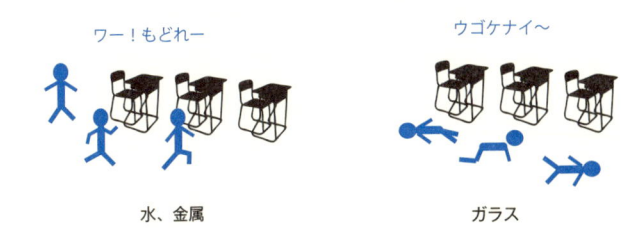

ワー！もどれー　　　　　　　　　ウゴケナイ〜

水、金属　　　　　　　　　　　　ガラス

水の分子や金属の原子（イオン）は動きが速いので、融点に冷えるとサッともとの結晶状態に戻る。しかしガラスの分子は動きが鈍く、なかなか結晶状態に戻れない。そのうち温度が下がって流動状態を失い、液体状態のまま固まってしまう。これがガラスである。

図6.9b アモルファスの構造

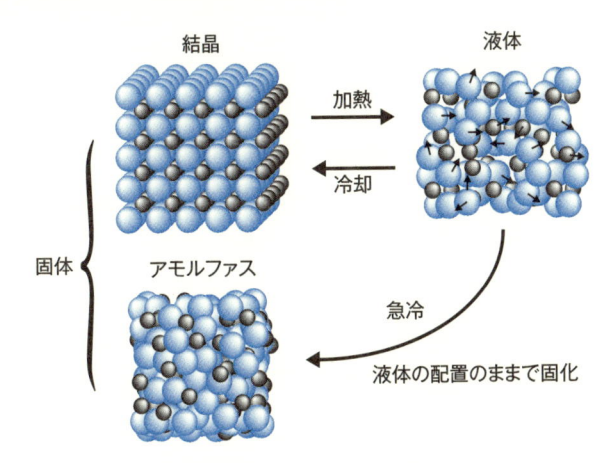

結晶　　　　　　　加熱 →　　　液体
　　　　　　　　　← 冷却

固体　アモルファス
　　　　　　　　急冷
　　　　　　液体の配置のままで固化

液体状態とアモルファス状態の違いは構成粒子に流動性があるかどうかの違いである。

6.10 化学カイロとは何か

　昔ながらのカイロは炭の燃焼による発熱を利用するものであった。それに対して、「白金触媒」を利用したり、「鉄の酸化」にともなう発熱を利用するカイロを特に化学カイロということがある。

A. 化学カイロ

　一般にいう化学カイロは、鉄の酸化反応に基く「反応熱」を利用したカイロである。主成分は発熱体である「鉄粉」、触媒としての「食塩水」、それを保持する「吸水剤」「活性炭」などである。安価で簡便であり、現在のカイロの主流となっている。

　化学カイロの特徴は何といっても取り扱いが簡単で便利なことであり、しかも長時間にわたって比較的低温の熱を発し続けることにある。その上、原料が安価なためカイロ自体が安価である。このため、便利、簡単、安価という条件をそろえている。

B. 白金カイロ

　白金カイロは炭化水素であるベンジンを燃焼させてその「燃焼熱」を利用するものであるが、白金を触媒に用いることが、伝統的なカイロと大きく違う点である。ベンジン1mLでカイロ表面温度を60℃で1～2時間保持できるなど、非常に効率的である。

　しかし、白金に触媒作用を起こさせるためには白金を130℃に加熱する必要があるため、電熱器などで加熱する必要がある。また、1回ごとにベンジンを補給しなければならないなどの不便さもあるため、現在では鉄粉を用いた使い捨てカイロに主流が移っているようである。

　しかし、使い捨てカイロは使用後ゴミとなることから、ゴミを出さない白金カイロを見直す動きも出始めている。

図6.10a 化学カイロのしくみと白金カイロ

パッケージで密封 → 開封すると →

- 鉄の粉 + 食塩水、吸水剤、活性炭
- +酸素
- 鉄の粉+酸素 → 発熱

化学カイロの熱源は鉄が酸化されるときに発する反応熱である。

白金(プラチナ)を触媒に用いた「ハクキンカイロ」。使い捨てのカイロと違い、燃料(ベンジン)を入れればリユースが可能である。

図6.10b 化学カイロの発熱機構

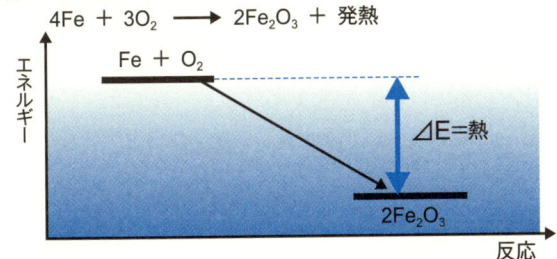

●使い捨てカイロの場合

$$4Fe + 3O_2 \longrightarrow 2Fe_2O_3 + 発熱$$

エネルギー / 反応
$Fe + O_2$ → $2Fe_2O_3$, $\varDelta E = 熱$

●白金カイロの場合

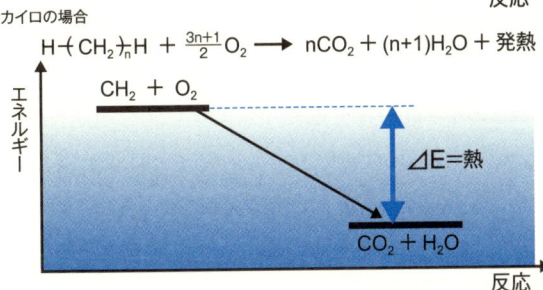

$$H{-}(CH_2{)}_n{-}H + \frac{3n+1}{2}O_2 \longrightarrow nCO_2 + (n+1)H_2O + 発熱$$

エネルギー / 反応
$CH_2 + O_2$ → $CO_2 + H_2O$, $\varDelta E = 熱$

白金カイロの熱源は石油が燃える(酸化)ときの燃焼熱(反応熱)であり、原理的には石油ストーブと同じものである。

6.11 簡易冷却パックとは何か

　薬剤の入った袋を2つに折ると、液体と薬剤が混じり、1～2時間ほど冷却効果を表わすのが「ヒヤロン」などの名前で市販されている簡易（ワンタッチ）冷却パックである。

A. 構成

　中身は硝酸アンモニウム NH_4NO_3 と尿素 $(NH_2)_2CO$ と水 H_2O である。硝酸アンモニウムも尿素も、水に溶けるときに吸熱、すなわち外部から熱を奪う性質がある。簡易冷却パックはこの吸熱反応を利用したものである（図6.11a）。

B. 反応

　硝酸アンモニウムのような物質が溶けるという現象は、厳密に考えると2段階に分けて考えられる（図6.11b）。

① 結晶が崩れてバラバラのイオン、すなわちアンモニウムイオン NH_4^+ と硝酸イオン NO_3^- になる。
② 各イオンが水に取り囲まれる（水和）。

　①の段階は安定な結晶から不安定なイオンに分解する過程だから吸熱の過程である。それに対して②は水和されて安定化する過程だから発熱の過程である。溶解過程全体として吸熱になるか、発熱になるかはこの①と②のエネルギー（熱）の大小関係になる。もし①の絶対値が大きければ（過程Ⅰ）全体として吸熱反応になる。それに対して水和によって大きく安定化すれば②の発熱が大きくなり（過程Ⅱ）、全体として発熱反応になる。

　硝酸アンモニウムと尿素はいずれも①の過程の絶対値の方が大きいため、反応が吸熱反応になったものである。

図6.11a 簡易冷却パックのしくみ

叩くか折り曲げると

| ホウ酸+水 | → | 水 | → | 水+硝酸アンモニウムと尿素 |
| 硝酸アンモニウムと尿素 | | | | 吸熱 |

簡易冷却パックは硝酸アンモニウムや尿素が水に溶けるときの溶解熱（吸熱）を利用したものである。

図6.11b 簡易冷却パックの吸熱機構

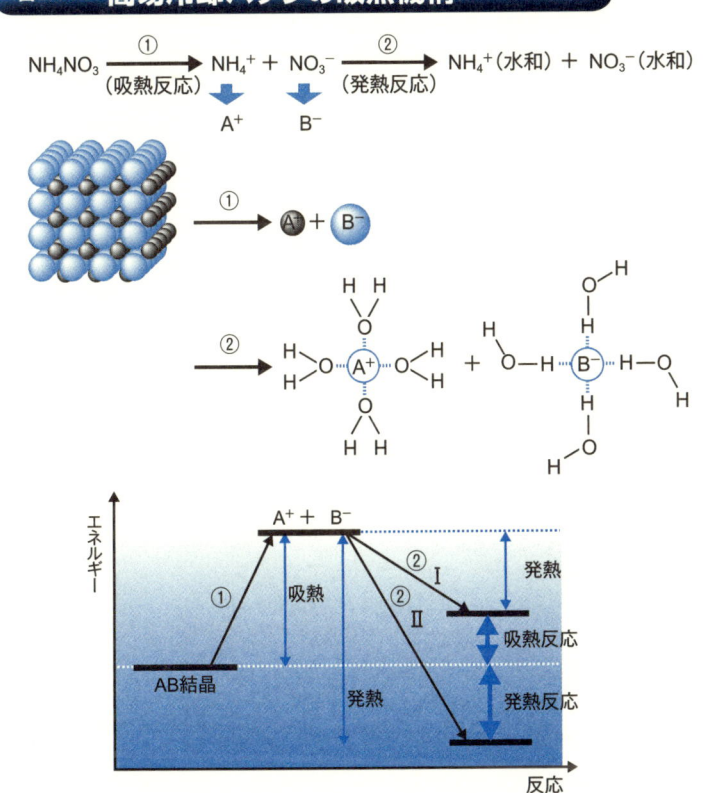

$$NH_4NO_3 \xrightarrow[\text{（吸熱反応）}]{①} NH_4^+ + NO_3^- \xrightarrow[\text{（発熱反応）}]{②} NH_4^+（水和） + NO_3^-（水和）$$

$A^+ \quad B^-$

① → A^+ + B^-

② → （A^+が水分子に囲まれた水和構造）+（B^-が水分子に囲まれた水和構造）

エネルギー図：
- AB結晶 → $A^+ + B^-$（①吸熱）
- $A^+ + B^-$ → （②I 発熱）→ 吸熱反応
- $A^+ + B^-$ → （②II 発熱）→ 発熱反応

反応

COLUMN 06

金属の種類

多くの元素は金属であり、その性質も多様である。それだけに金属の分類法もいろいろある。

一般に貴金属というと金Au、銀Ag、白金Ptをさすが、化学的には8、9、10族の第5、第6周期、合計6種を加え、さらに銅Cu、水銀Hgを含めることもある。

比重で分けることもあり、比重がおよそ5より小さいものを軽金属、それ以上のものを重金属という。リチウム（比重0.53）、マグネシウム（1.7）、アルミニウム（2.7）などは軽金属である。一方、金（19.3）や白金（21.4）は重金属である。鉄（7.9）、鉛（11.3）、水銀（13.3）なども重金属であるが金ほど重くはない。

ウラン（19.1）は比重が大きいので、弾丸にすると貫通力が大きくなる。そのため、原子炉の燃料になる^{235}Uを除いた^{238}Uは劣化ウランの名前で銃弾や爆弾に用いられる。

第7章
ナノテクの化学

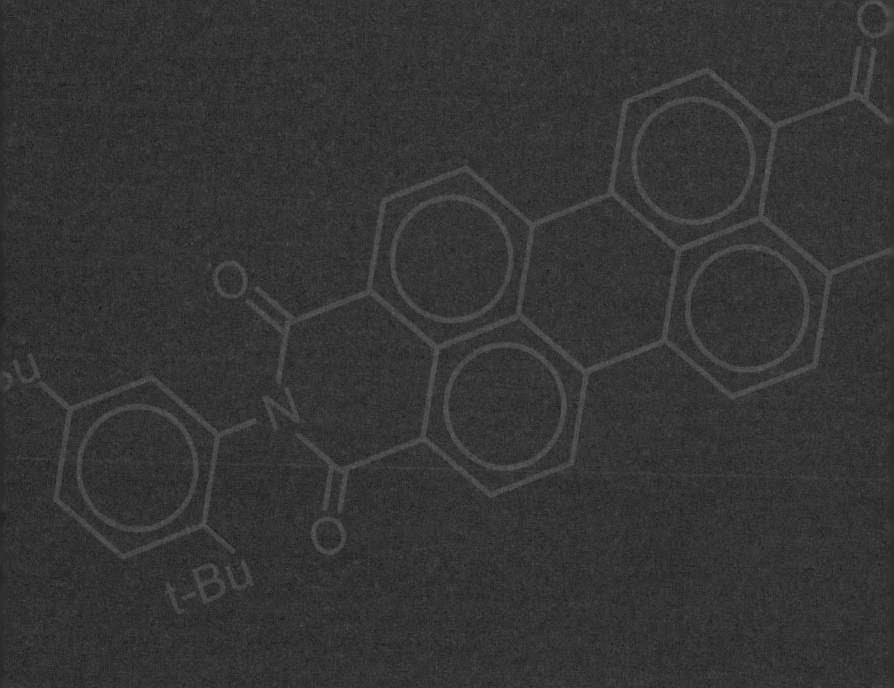

7.1 液晶とは何か

　液晶は結晶と液体の中間の状態であり、分子はすべて同一の方向を向いている。

A. 液体・液晶・結晶

　結晶は「位置の規則性」と「配向の規則性」が揃った状態であり、液体は両方を失った状態である。したがってこの中間には

　① 位置の規則性を失ったが配向の規則性を残した状態
　② 位置の規則性はあるが配向の規則性を失った状態

の2つが考えられる。①を液晶といい、②を柔軟性結晶という。すなわち、液晶は液体と同じように分子は位置を移動するが、液体とは違って分子の方向はそろえているという状態である。

　液晶状態はどのような分子でもとることができるのではなく、特別の分子構造を持ったものに限られる。液晶分子の形は、図7.1aに示したように、一般に細長い形をもつものが多い。

B. 液晶状態

　このような分子の結晶を加熱すると、「融点」に達した時点で結晶は融けて流動的な状態になる。しかし、乳液のように不透明な状態であり、これが液晶状態である。さらに加熱を続けると「透明点」に達した時点で透明な液体になる(図7.1b)。

　すなわち液晶(状態)は融点から透明点の間の特別な温度領域にだけ現れる状態なのである。液晶は冷却すると結晶になり、暖めれば液体になるのである。

　液晶分子の配向は外部条件によってコントロールすることができる。すなわち、容器の器壁に平行な擦り傷をつけると液晶分子はその傷に平行に並ぶ。

図7.1a 液晶とは何か

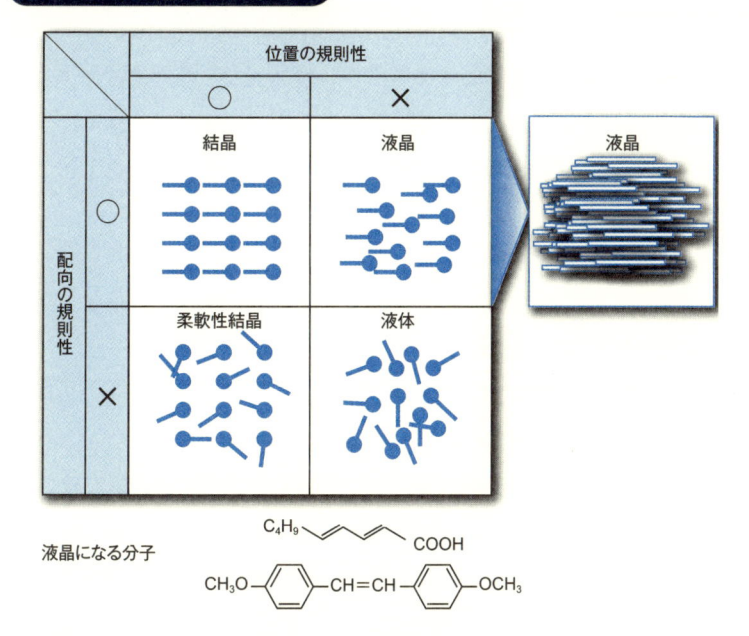

	位置の規則性	
	○	×
配向の規則性 ○	結晶	液晶
配向の規則性 ×	柔軟性結晶	液体

液晶になる分子

液晶は小川のメダカのような状態である。流動性を持っているが、全ての分子が同じ方向を向いている。

図7.1b 液晶と温度の関係

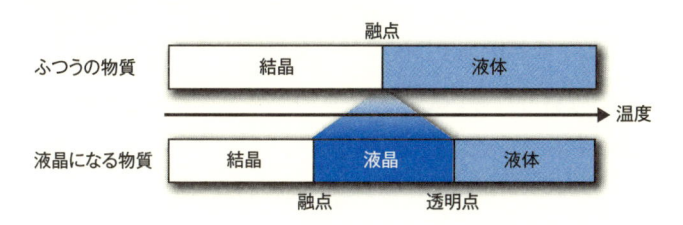

ふつうの物質: 結晶 | 液体（融点で変化）

液晶になる物質: 結晶 | 液晶 | 液体（融点、透明点）

液晶は特定の分子に現れる状態である。その分子の、温度を下げれば結晶になり、上げれば液体になる。

7 ナノテクの化学

7.2 液晶モニターとは何か

　液晶は携帯電話やデジタルカメラ、液晶テレビなどの画面表示体、液晶モニターとして欠かせないものである。

　液晶モニターの原理は液晶の2つの能力が合体されたことによって達成されたものである。

A. 電気的能力

① 透明電極に擦り傷をつけた容器に液晶を入れると、液晶分子は擦り傷に平行に並ぶ。
② しかし、電極間に電圧を掛ける（スイッチON）と分子は電圧の方向に配置を変化する。
③ 電圧を切る（スイッチOFF）と分子は元の状態に戻る（図7.2a）。

B. 光学的能力

　液晶に偏光を照射すると、液晶分子の配向と偏光の振動面の位置関係により、2つの場合が生じる。

① 分子配向と振動面が一致すると偏光は液晶を通過する。
② 分子配向と振動面が直交すると偏光は液晶によって遮断される。

C. 液晶モニター

　液晶の能力AとBを組み合わせると液晶モニターの原理は直ちに浮かび上がる。偏光光源の前に液晶aを置くと、光源は液晶を通過し、液晶面は白く（輝いて）見える（図7.2b）。しかしスイッチを入れて通電すると液晶分子は配向を変え、bになる。この状態では偏光を通さないので液晶面は黒く見える。

　したがって、液晶面を細かく分割し、それぞれの区画の液晶分子の配向を電気で制御すれば、文字Aの区画だけを黒くすることが可能となり、液晶モニターが完成する（図7.2c）。

図7.2a 液晶と電気

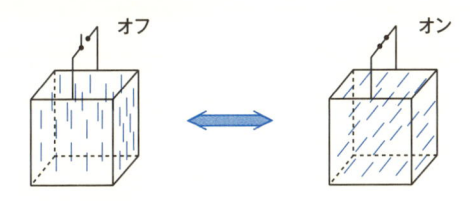

オフ ⇔ オン

図7.2b 液晶と光

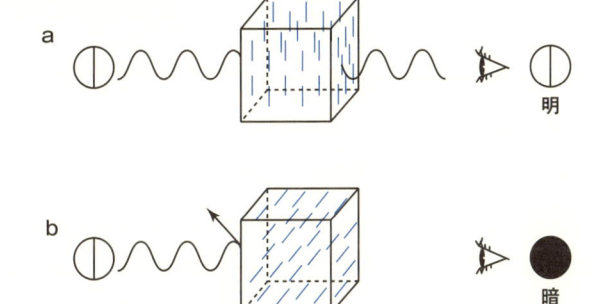

a 明

b 暗

偏光は振動面の揃った光である。振動面の方向は〇の中の直系の方向で表す。振動面と液晶分子の方向が同じだと、偏光は液晶を通過して観察者に届く。しかし、直交する場合には通過しないので画面は黒くなる。

図7.2c 液晶モニター

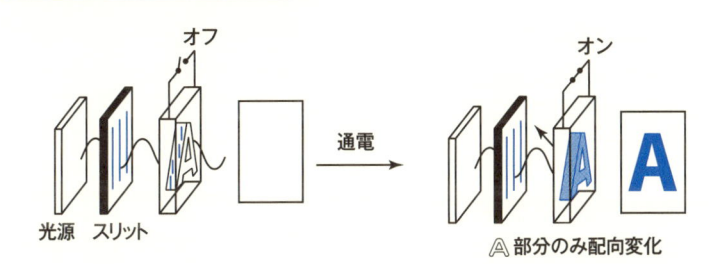

オフ → 通電 → オン

光源　スリット　　　　　　　　　Ⓐ部分のみ配向変化

7.3 半導体とは何か

　電気をよく通すものを「良導体」、通さないものを「絶縁体」という。良導体と半導体の中間の伝導性を持つ個体を半導体という。半導体にはシリコン Si、ゲルマニウム Ge などがある。

A. 電気伝導性

　金属の電気伝導度は温度が低下すると増加する。これは低温になると金属原子の振動が抑えられ、自由電子の移動が容易になるからである。電流とは電子の移動である。

　それに対して半導体の伝導度は温度が低下すると低下する。半導体を加熱すると結合電子が「自由電子」となり、跡に「正孔」ができる。この電子と正孔が移動することが電流である。したがって温度が上がると自由電子の個数が増え、電気伝導性が上がるのである。

　半導体内にできた自由電子や正孔の動きは外部から掛けた電圧によって制御することができる。この性質は三極真空管に匹敵するものであり、そのため、半導体は電気回路に多用されることになった。

B. p 型半導体・n 型半導体

　シリコンやゲルマニウムは4個の価電子をもち、「真性半導体」と呼ばれる。真性半導体に3個の価電子を持つホウ素 B やガリウム Ga を混ぜると結合電子が不足し、正孔を生じる。このような半導体を「p 型半導体」という。

　反対に、5個の価電子を持つヒ素 As やアンチモン Sb を混ぜると電子が過剰になり、自由電子が発生する。このような半導体を「n 型半導体」という。

　「太陽電池」は p 型と n 型の半導体を集合したものである。

図7.3a 金属と半導体の伝導度の温度変化

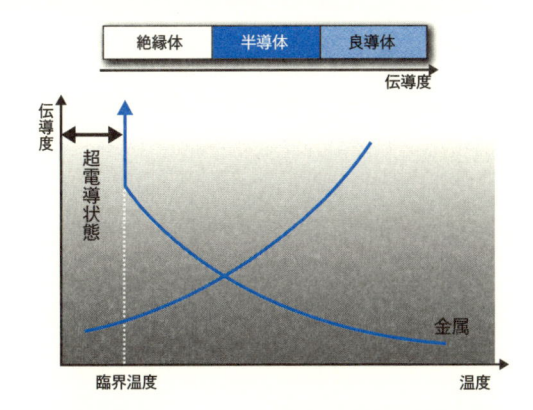

金属の伝導度は温度が低下する。しかし半導体の伝導度は温度が上昇するとともに上昇する。

図7.3b p型、n型半導体の構造

$$\cdot \dot{\underset{\cdot}{S}} \cdot + \begin{cases} \cdot \dot{B} \cdot \\ \text{or} \\ \cdot \dot{Ga} \cdot \end{cases} : \text{p型半導体}$$

$$\cdot \dot{\underset{\cdot}{S}} \cdot + \begin{cases} \cdot \dot{\underset{\cdot}{As}} \cdot \\ \text{or} \\ \cdot \dot{\underset{\cdot}{Sb}} \cdot \end{cases} : \text{n型半導体}$$

14族のシリコンは外側の電子殻に4個の電子を持っている。これを基準に考えると、13族のホウ素やガリウムの電子は3個であり、一個足りない。このような元素を混ぜたシリコン半導体をp（positive）型半導体という。反対に15族のヒ素やアンチモンは電子が多いので、これらを混ぜたものはn（negative）型半導体といわれる。

7.4 有機半導体とは何か

　現在使われている半導体はシリコンを主体としたものである。しかし、「高純度シリコン」を作成するには高度な技術が必要であり、コストも高くなる。数種類の有機物を組み合わせても半導体の機能を持つ素材（デバイス）をつくることができる。この場合、製造は容易で大量生産が可能であり、コストも大幅に下がる。

A. 原理

　シリコン Si やゲルマニウム Ge は原子そのものが半導体の性質を持つ。しかし、有機半導体は違う。有機物をつくる炭素や、まして水素が半導体の性質を持つわけではない。有機半導体は、有機物やその他の物質が組み合わさった複合体、「素子」（デバイス）として半導体の性質を持つものをいう。

B. デバイス

　有機半導体としてのデバイスにはいくつかの可能性がある。その1つの例が図7.4a のものである。半導体本体としての性質をになう有機物があり、それに電流を流す電極A、Bがある。そして、その電流量を制御する電極Cがある。Cの電圧を制御することにより、A－B間に流れる電流量を制御するというものである。

C. 半導体有機分子

　問題は、デバイスにおいて半導体本体としての性質をになう有機物の性質と構造であろう。目下のところ。好成績を収めているのはベンゼン環が5個縮合した「ペンタセン誘導体」である（図7.4b）。

　しかし、ペンタセン誘導体は一般に、溶けにくい、酸素と反応しやすいなど、多くの問題点も残しており、今後の研究開発の待たれる分野である。

図7.4a 有機半導体デバイスの構造

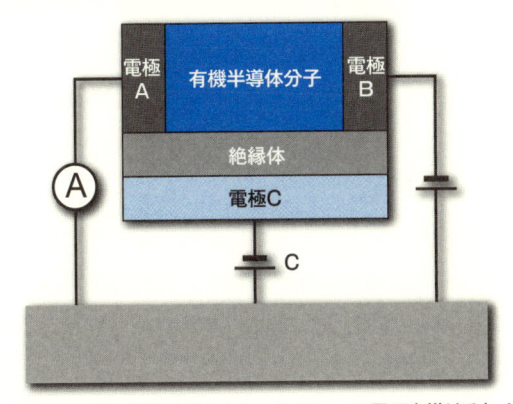

通常の状態では AB 間に電流は流れない。しかし c に電圧を掛けると AB 間に電流が流れ、その量は c の電圧によって制御される。このような半導体を一般に電界効果半導体 FET (Field Effect Transistor) といい、有機物を使ったものを特に OFET (Organic FET) という。

図7.4b 半導体になる有機分子

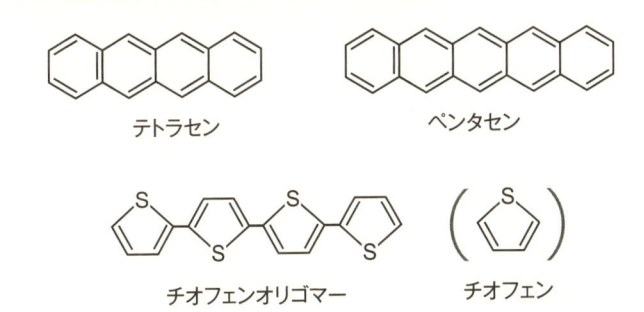

テトラセン

ペンタセン

チオフェンオリゴマー

チオフェン

ベンゼン環が幾つか縮合したものを一般にアセン類という。4 (テトラ) 個連続したものをテトラセン、5 (ペンタ) 個連続したものをペンタセンという。チオフェンは括弧に示したものであり、これが連続したものをチオフェンオリゴマーという。

7.5 太陽電池とは何か

　太陽から地球に送られてくるエネルギーは毎時 10^{14}kW である。一方、人類が使っている化石燃料エネルギーは毎時 10^{10}kW である。したがって太陽からはその 1 万倍ものエネルギーが送られてきていることになる（図 7.5a）。

　太陽電池は太陽の光エネルギーを電気エネルギーに換える装置である。現在の太陽電池は半導体を利用したものである。しかし、電池とはいうものの、蓄電機能はないので、発電装置と考えたほうが適当であろう。

A. 原理

　半導体には 2 つの種類がある。電子過剰の「n 型半導体」と、電子不足の「p 型半導体」である。太陽電池はこの二種の半導体を「接合」した形式のものである。太陽電池に光が当たる（光子が衝突する）と光子のエネルギーによって半導体接合面に電子 e^- と正孔 h^+ が発生する。すると電子は n 型半導体の表面に移動し、一方正孔は p 型半導体の表面に移動する（図 7.5b）。

　両半導体の表面を導線で結ぶと、電子が n 型半導体から p 型半導体へ移動し、電流が流れることになる。

B. 半導体基盤による違い

　現在の太陽電池は、シリコンを用いた半導体を使用するものである。シリコンの種類には「単結晶シリコン」「多結晶シリコン」「アモルファスシリコン」がある。エネルギーの「変換効率」は単結晶シリコンが 17% に達するなど好成績を収めているが、製造コストが高いなどの難点もあり、用途に応じて使い分けている現状である（図 7.5c）。

図7.5a 太陽からのエネルギー

太陽光エネルギー

（地球の消費エネルギーの1万倍）

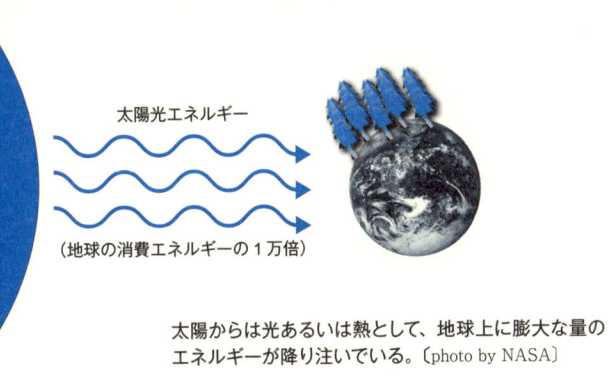

太陽からは光あるいは熱として、地球上に膨大な量のエネルギーが降り注いでいる。〔photo by NASA〕

図7.5b 太陽電池のしくみ

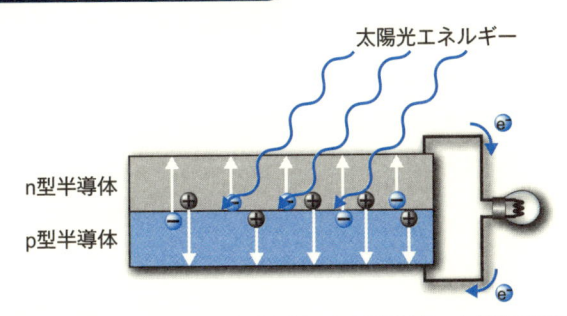

太陽光エネルギー

n型半導体
p型半導体

太陽電池に光が当たると、電子と正孔が発生し、電子は負極に、正孔は正極に移動して電流が流れる。

図7.5c さまざまな太陽電池の比較

太陽電池の種類	変換効率	コスト
単結晶シリコン	◎ 14〜17%	△
多結晶シリコン	○ 12〜15%	○
アモルファス	△ 6〜9%	◎

変換効率は単結晶シリコンが高いが、コストも高い。そのため、現在では多結晶シリコン型が主流である。

7 ナノテクの化学

7.6 色素増感太陽電池とは何か

　色素増感太陽電池、あるいは色素型太陽電池は太陽電池の一種である。しかし、現行の太陽電池とは異なり、シリコンを用いず、有機分子を用いる。そのため製造が簡単であり、製造コストもシリコン太陽電池にくらべ10分の1以下である。しかし、発電効率はシリコン型のおよそ20%に対して目下ほぼ半分ほどであり、耐久性にも難点がある。しかし、早晩、シリコン太陽電池に取って代わるものと期待されている。

A. 原理

　色素増感太陽電池は、電極のほかに3層構造となっている。負極－酸化チタン－有機色素－ヨウ素－正極である（図7.6a）。

　分子には電子があり、それぞれ固有のエネルギーを持つ軌道に入っている。「有機色素分子」に光が当たると、「低エネルギー軌道」に入っている電子が光エネルギーを受け取り、より「高エネルギーの軌道」に移動する。この電子が酸化チタンの高エネルギー軌道に移動し、最終的に負極に移動する。

　負極の電子は導線を通って正極に移動し、ヨウ素の電子授受回路を経由したのち、元の有機色素の低エネルギー軌道に戻る。このようにして反応が一巡し、電子が移動して電流が流れることになる。

B. 有機色素分子

　色素分子としては種々の構造のものが開発されている。現在有望視されているのは、ルテニウム（Ru）などの金属を含んだ有機物である（図7.6b）。しかし、効率は悪いものの、金属を含まない色素でも有用なものがあり、今後の研究開発が待たれる。

図7.6a 色素増感太陽電池のしくみ

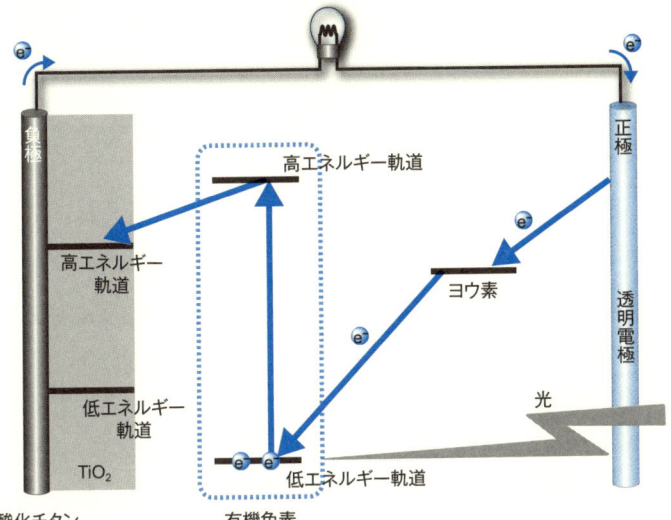

光は透明電極を通って有機色素に注がれる。すると低エネルギー軌道の電子が光エネルギーを受け取って高エネルギー軌道に移動（遷移）する。この電子は酸化チタンの高エネルギー軌道体を経由して負極に達する。その後導線を通って正極に達し、ヨウ素を経由して元の有機色素の低エネルギー軌道に戻る。これで電子が一巡し、電流が流れたことになる。

図7.6b 有機色素分子の構造

有機色素としては金属を持ったものが好成績をおさめている。金属を含まない純粋有機色素の研究も行われている。

7.7 乾電池とは何か

　電池の原理は「ボルタ電池」に明白に示されている。乾電池も基本原理はボルタ電池と同様である。ただ、電池の溶液部分を固体にして携帯性を高めたものである。乾電池のように、充電することのできない電池を「一次電池」という。

A. 乾電池

　負極成分として亜鉛 Zn、正極成分として二酸化マンガン MnO_2 を用いた電池である。塩化アンモニウム NH_4Cl や塩化亜鉛 $ZnCl_2$ などの電解質（溶液相当部分）と二酸化マンガンをデキストリン（デンプンの一種）で糊状にしたものを亜鉛の容器に入れてある。ここに黒鉛の棒を差し込んで正極とする。負極は容器の亜鉛である。

　反応は亜鉛がイオン化して Zn^{2+} と電子 e^- になる。この電子が導線を通って炭素棒に移動し、ここでマンガンイオン Mn^{4+} に電子を与えて反応が完結する。

B. アルカリ電池

　アルカリ電池の電極物質も亜鉛と二酸化マンガンである。しかし乾電池と違い、アルカリ電池では亜鉛は「強アルカリ」に溶かして溶液としてある。そのため、連続して一定電圧を保つことができるが、液漏れの可能性がある。

C. リチウム電池

　負極物質としてリチウム Li、正極物質として二酸化マンガン、電解液として有機溶媒を用いた電池である。電圧が3Vと高いこと、サイズが小さいこと、溶液が有機物なので低温でも使用できるなどの特徴がある。

図7.7a　電池の原理（ボルタ電池）

亜鉛 Zn と銅 Cu を比べると亜鉛のほうが陽イオンになりやすい。そのため、Zn は Zn^{2+} として溶液中に溶け出す。その結果 Zn 電極上には電子 e^- が溜まる（Zn：負極）。

ここで Zn と Cu を導線で結ぶと e^- は e^- の少ない Cu（正極）に移動する。これが電流である。Cu に達した e^- は陽イオンと反応しようとする。この際、e^- を受け取れる陽イオンは Zn^{2+}、Cu^{2+}、H^+ の3種類があるが、最も e^- を受け取る性質が強いのは H^+ である。そのため、H^+ が電子を受け取って H 原子となり、それが2個結合して水素分子 H_2 となる。

原子が陽イオンとなるなりやすさを現したものをイオン化傾向といい、それは以下の図の順序である。

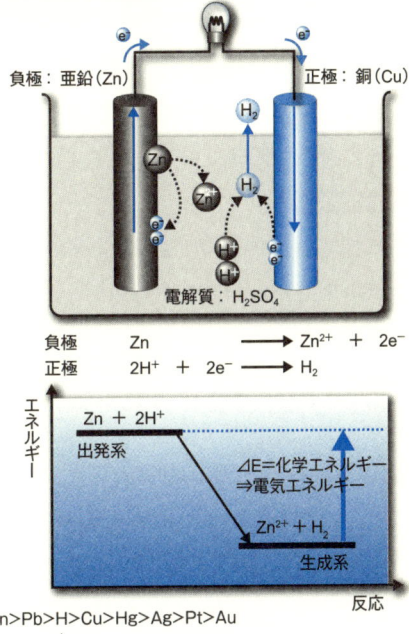

負極：亜鉛（Zn）　　正極：銅（Cu）
電解質：H_2SO_4

負極　　Zn　　　　　　　　→　Zn^{2+} + $2e^-$
正極　　$2H^+$ + $2e^-$ →　H_2

出発系　Zn + $2H^+$
⊿E＝化学エネルギー
⇒電気エネルギー
生成系　Zn^{2+} + H_2

エネルギー／反応

K>Ca>Na>Mg>Al>Zn>Fe>Ni>Sn>Pb>H>Cu>Hg>Ag>Pt>Au

大　　　　　　　　　　　　　　　　　　　小
イオンになりやすい　　　基準　　　イオンになりにくい

図7.7b　乾電池・リチウム電池のしくみ

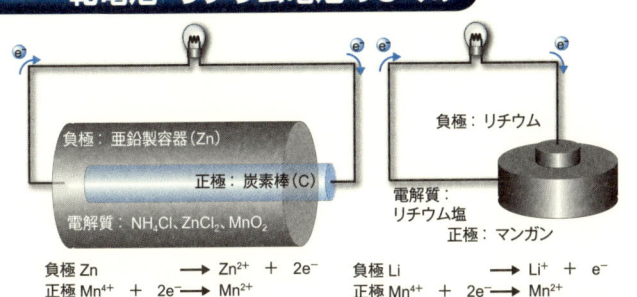

負極：亜鉛製容器（Zn）
正極：炭素棒（C）
電解質：NH_4Cl、$ZnCl_2$、MnO_2

負極：リチウム
電解質：リチウム塩
正極：マンガン

負極　Zn　　　　　　　→　Zn^{2+} + $2e^-$
正極　Mn^{4+} + $2e^-$ → Mn^{2+}

負極　Li　　　　　　　→　Li^+ + e^-
正極　Mn^{4+} + $2e^-$ → Mn^{2+}

化学電池はいずれもその原理はボルタ電池と同じである。電解質を溶液から固体に変えたことが乾電池の本質である。

7.8 蓄電池とは何か

電池として使用して放電させたあと、電源に繋いで充電することにより、繰り返し使用できる電池を「二次電池」「蓄電池」「バッテリー」などと呼ぶ。

A. 鉛蓄電池

負極に金属鉛 Pb、正極に過酸化鉛 PbO_2、電解液として硫酸 H_2SO_4 を用いた、古くから用いられてきた蓄電池である (図 7.8a)。

① 放電

電池として作用するときには、負極の Pb がイオン化して Pb^{2+} となって電子を放出する。この電子が導線を通って正極に行き、過酸化鉛の鉛イオン Pb_4^+ を普通の鉛イオン Pb_2^+ に還元する。

すなわち、電池としての反応が進行すると、負極にも正極にも同じ物質 Pb_2^+ が生成するのである。Pb_2^+ は電解液の硫酸と反応して不溶性の硫酸鉛 $PbSO_4$ となり、電極に付着する。起電力は充電直後で 2V であるが充電直前には 1.8V に低下する。

② 充電

放電が進行すると電解液の硫酸濃度が減少し、比重が小さくなる。電源に繋いで充電すると放電反応と逆の反応が進行し、過酸化鉛と金属鉛が再生する。

B. ニッカド電池

負極にカドミウム Cd、正極に水酸化ニッケル $Ni(OH)_2$、電解液に水酸化カリウム KOH 水溶液を用いた蓄電池であり、正式には「ニッケルカドミウム蓄電池」と呼ばれる (図 7.8b)。

放電の際には負極の Cd が Cd_2^+ となって電子を放出する。この電子が正極に行って Ni_3^+ を Ni_2^+ に還元する。いずれも水酸化物 Cd

$(OH)_2$、$Ni(OH)_2$ となる。充電の際には逆反応が進行し、Cd と $Ni(OH)_2$ が再生する。電圧は 1.2V であり、他の電池に比べて低い。

図7.8a 鉛蓄電池のしくみ

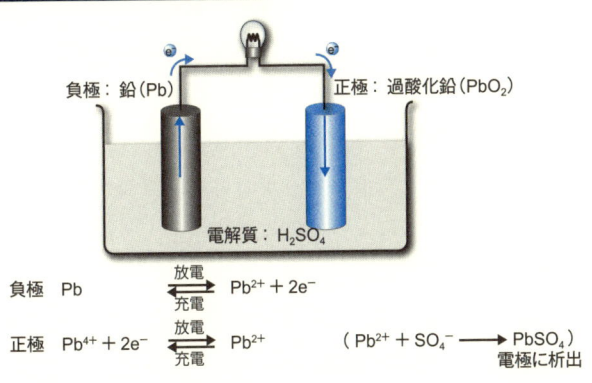

負極：鉛(Pb)　　正極：過酸化鉛(PbO_2)
電解質：H_2SO_4

負極　$Pb \underset{充電}{\overset{放電}{\rightleftarrows}} Pb^{2+} + 2e^-$

正極　$Pb^{4+} + 2e^- \underset{充電}{\overset{放電}{\rightleftarrows}} Pb^{2+}$　　　($Pb^{2+} + SO_4^- \longrightarrow PbSO_4$)
電極に析出

二次電池の特徴は、正極で電子を受け取った物質が正極に固体として析出することである。そのため、充電したときには正極に効率よく電子を与えることができるのである。鉛蓄電池では硫酸鉛 $PbSO_4$ が沈殿し、ニッカド電池では水酸化ニッケル $Ni(OH)_2$ が沈殿する。

図7.8b ニッカド電池のしくみ

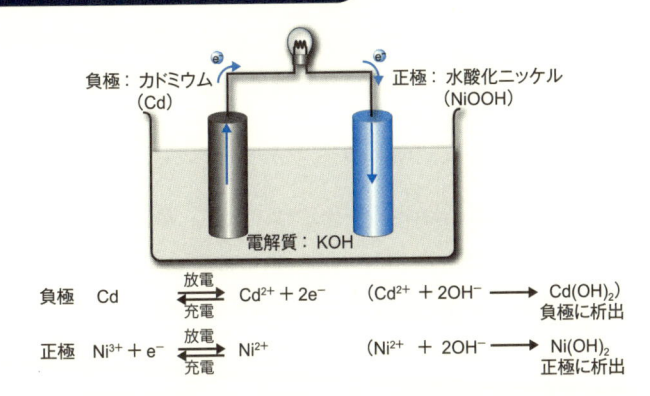

負極：カドミウム(Cd)　　正極：水酸化ニッケル(NiOOH)
電解質：KOH

負極　$Cd \underset{充電}{\overset{放電}{\rightleftarrows}} Cd^{2+} + 2e^-$　　($Cd^{2+} + 2OH^- \longrightarrow Cd(OH)_2$)
負極に析出

正極　$Ni^{3+} + e^- \underset{充電}{\overset{放電}{\rightleftarrows}} Ni^{2+}$　　($Ni^{2+} + 2OH^- \longrightarrow Ni(OH)_2$)
正極に析出

ニッカド電池の原理は鉛蓄電池の原理と同様である。電解質として強塩基の水酸化カリウム KOH を用いているので、分解などはしないように注意が必要である。

7.9 燃料電池とは何か

　外部からエネルギー源となる物質を供給することによって、物質の化学エネルギーを電気エネルギーに変換する装置を燃料電池という。この意味で電池というよりは発電機に近い。しかし、発電機と違い、熱エネルギーを経由することなく、化学エネルギーを直接電気エネルギーに変換するため、熱効率が高い。

　現在、一般に燃料電池という場合には水素を燃料とし、酸素と反応（燃焼）することによって電気エネルギーを得るものをいう。

A. 原理

　基本的には水素 H_2 と酸素 O_2 が結合して水 H_2O ができるときの「反応エネルギー」を「電気エネルギー」に換えるものである（図7.9a）。負極では水素が水素イオン H^+ になり、このとき電子 e^- を発生する。この電子が外部回路を通って正極に達する。同時に H^+ も電解質を通って正極に達する。そして正極で H^+、e^- と酸素 O_2 が反応して水となり、反応が完結する。

　反応によって生成するのは水だけである。このため、水素燃料電池は環境に優しい電池であり、将来をになうエネルギー源として注目されている。

B. 問題点

　一連の反応を進行させるためには「触媒」が必要である。現在用いられているのは白金 Pt である。白金は希少であり、高価である。将来水素燃料電池が一般化したら、需要が増えてさらに高騰する可能性がある。白金に代わる触媒の開発が待たれる（図7.9b）。

　燃料の水素ガスは爆発性の気体である。貯蔵も運搬も危険が伴う。この問題も解決の待たれるものである。

図7.9a 燃料電池のしくみ

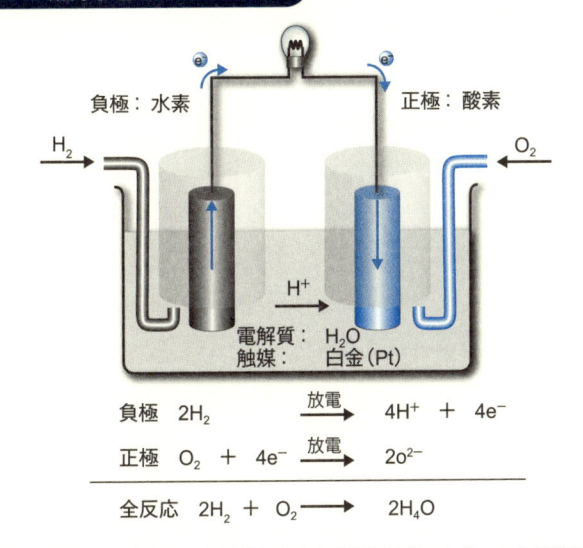

負極：水素　　正極：酸素

電解質：H_2O
触媒：白金(Pt)

負極　$2H_2 \xrightarrow{\text{放電}} 4H^+ + 4e^-$

正極　$O_2 + 4e^- \xrightarrow{\text{放電}} 2O^{2-}$

全反応　$2H_2 + O_2 \longrightarrow 2H_4O$

燃料電池の典型は、水素ガスを燃料とする水素燃料電池である。この電池は水素と酸素が反応（燃焼）して水になるときの反応エネルギー利用するものである。したがって、次々に燃料を補充しなければならず、電池というより小型火力発電所のようなものである。

図7.9b 燃料電池の問題点

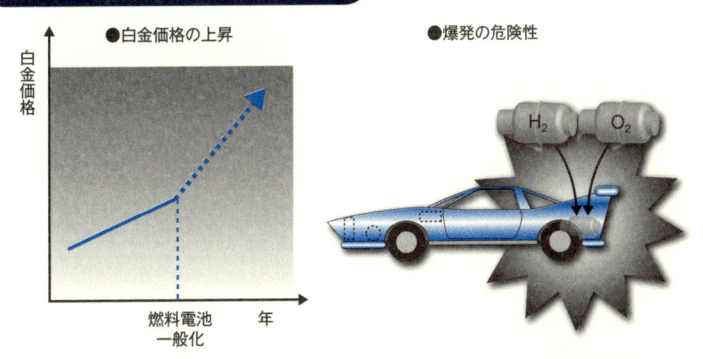

●白金価格の上昇

白金価格／燃料電池一般化　年

●爆発の危険性

白金の価格は上昇を続けている。燃料電池を実用化するためには、白金以外の触媒を開発することが望ましい。

7.10 水素吸蔵合金とは何か

　金属の中には水素ガスを吸収するものがある。このような金属を水素吸蔵金属、あるいは水素吸蔵合金という。

A. 金属結晶

　金属は「金属結合」で結合している。この結合では金属原子は最も外側の電子殻の電子を放出し、金属イオンとなっている。金属結晶ではこの金属イオンが3次元に渡って規則正しく積み重なっている。この積み重なり方は「最密格子」といわれるもので、空間のうち、イオンの占める空間は74%である。逆にいうと、24%は空いているのである（図7.10a）。

B. 水素吸蔵

　金属結晶はみかん箱に詰まったみかんのような状態である。みかんは一杯に詰まっているが、みかんの間には隙間がある。この隙間にみかんを入れることはできないが、豆なら入れることができる。これが水素吸蔵金属の基本的な考え方である。

　マグネシウムMgとニッケルNiの合金は重量の3.5%の水素を吸収することができる。すなわち100gの金属ならば、3.5g、1.8mol、つまり22.4L×1.8＝40Lの水素ガスを吸収することになる。体積比で2000倍ほどになる（図7.10b）。

　クリーンエネルギーで、近い将来のエネルギー源として注目されるものに「水素燃料電池」がある。水素燃料電池では、水素ガスを燃料とする、水素ガスは軽く、爆発性である。この水素ガスをどのようにして貯蔵し、運搬するかは最大の問題の一つである。その解決策の一つとみなされているのが水素吸蔵金属の利用である。しかし金属であるだけに重量があるなど、解決すべき問題も多い。

図7.10a 金属の結晶構造

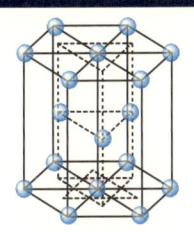

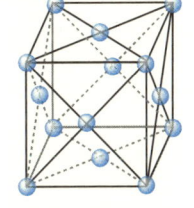

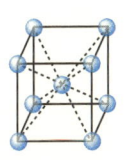

六方最密構造＝74%　　面心立方構造＝74%　　体心立方構造＝68%

六方最密構造と、面心立方構造では空間の74%を球が占め、体心立方構造では68%を占めることができる。

図7.10b 水素吸蔵のしくみ

100グラムのMgNi合金が、水素を吸蔵すると、
格子間距離はわずかに膨らみ、間に水素原子が入り込む。

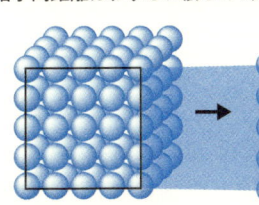

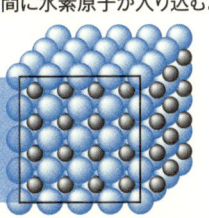

100gのMgNi合金の体積は、Mgの比重1.7とNiの比重8.9の平均値として約18.5cm³。

重量の3.5%の水素を吸蔵できる。
水素3.5g＝1.8mol
体積にすると22.4L×1.8＝40L。

以上の計算から、MgNi合金は自分の体積の
約2160倍の水素を吸蔵できることがわかる。

図7.10c 水素燃料電池への貢献の可能性

● 爆発の危険がある水素のタンクよりは……

● 爆発の危険がない水素吸蔵合金の方がよい
　今度は重量が……

7 ナノテクの化学

COLUMN 07

電池の種類

　電池は便利なものであるが、いろいろの種類がある。蓄電池やニッカド電池のように、充電することによって繰り返し使用できるものを二次電池という。それに対して乾電池のように使い捨てのものを一次電池という。

　多くの電池は化学反応をエネルギー源にしており、このようなものを化学電池という。燃料電池は燃料の酸化エネルギーを電力にかえるものであり、化学電池の一種である。しかし、燃料を追加して燃やしながら発電するのだから、電池というよりは小型火力発電器というべきものである。

　化学電池でないものには太陽電池や原子力電池がある。太陽電池は、太陽の光エネルギーを直接電気エネルギーに換えるものである。原子力電池は、放射性元素が放出する放射線が標的物質に当たって発する熱エネルギーを電力に換えるもので、人工衛星などに用いられる。

ソーラーパネル

第8章
危険物の化学

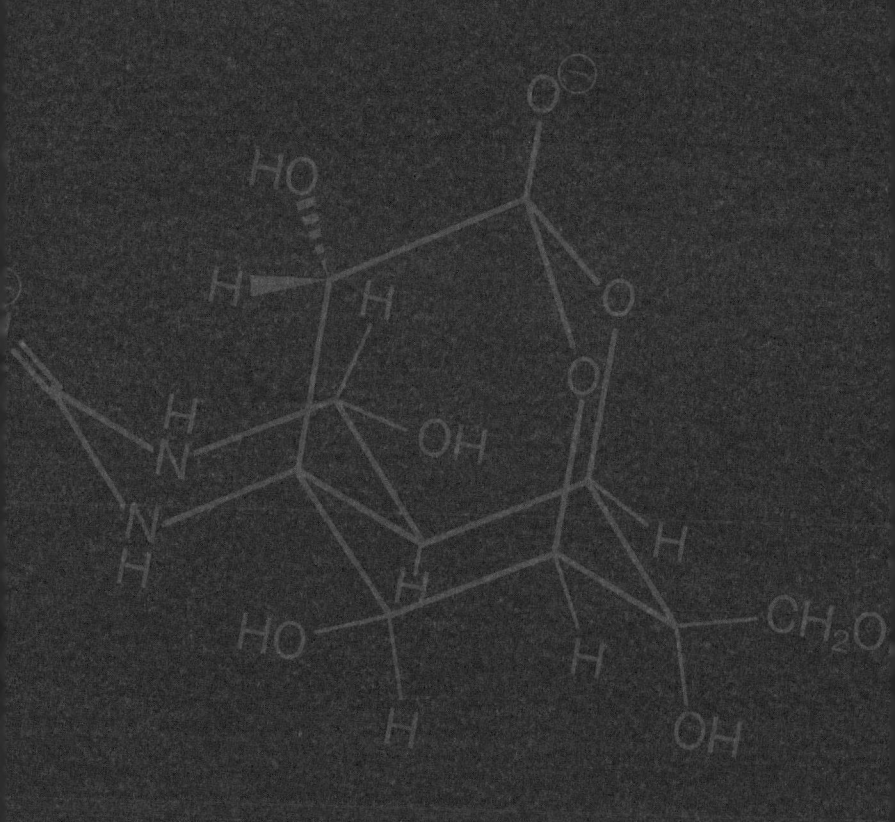

8.1 青酸カリとは何か

青酸カリ KCN の正式名はシアン化カリウムである。毒物であるが、身分証明書、印鑑があれば薬局で購入することも原理的に可能ではある。

A. 毒性

無色（白色）の結晶であるが、砕けば粉末になる。水に溶けやすく、水溶液は金属を溶かす性質が強いので「メッキ工業」に欠かせない。酸と反応してシアン化水素（青酸）HCN の気体を発生する（図 8.1a）。そのため青酸カリを飲むと胃の中の塩酸と反応して青酸となり、肺から吸収されて死にいたらしめる。青酸カリの「経口致死量」は 150mg（0.15g）である。

B. 呼吸毒

青酸カリは「呼吸毒」である。これは息をさせないという意味ではない。細胞の酸素の受け渡しを阻害するという意味である。肺で吸収された酸素は「ヘモグロビン」によって細胞に運ばれる。ヘモグロビンは分子内にヘムという骨格を持っている。ヘムには中央に鉄イオン Fe^{2+} があり、酸素はこの鉄イオンに結びついて細胞に運ばれる。ところがここに青酸が来ると、青酸は金属と結びつく力が強いので「ヘム」の鉄イオンと強力に結びついてしまう。このため、酸素はヘムと結びつくことができなくなり、細胞の必要箇所に送られることができなくなり、細胞が窒息して死にいたるのである（図 8.1b）。

青酸カリは空気中に永く放置すると無毒の炭酸カリウム K_2CO_3 に変化する。しかし、KCN か K_2CO_3 かは素人が舌で判定できるようなものではない。ご注意を！

図8.1a 青酸カリによる青酸の生成

$$KCN + H^+ \longrightarrow K^+ + HCN$$

青酸カリウム　　　　　　　　　　　　　　　　青酸（気体）

○無色の結晶
○水溶性：　　100gの水に4g可溶
○致死量：　　150mg
○価格（参考）：1000円〜/25g

シアン化カリウム（青酸カリ）KCN、シアン化ナトリウム（青酸ソーダ）NaCN はいずれも酸と会うと分解してシアン化水素（青酸）HCN を発生する。この青酸が有毒である。

図8.1b 青酸カリによる死のしくみ

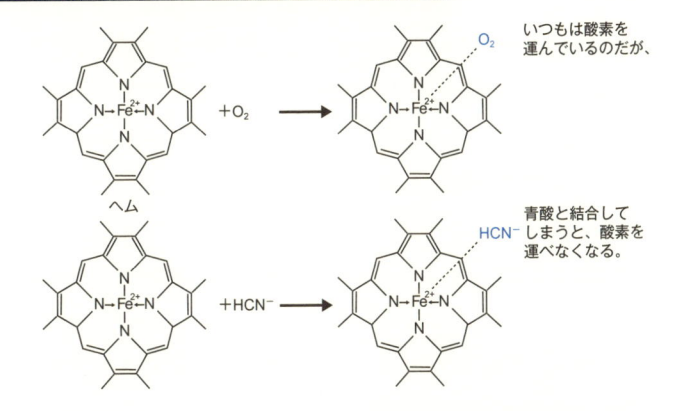

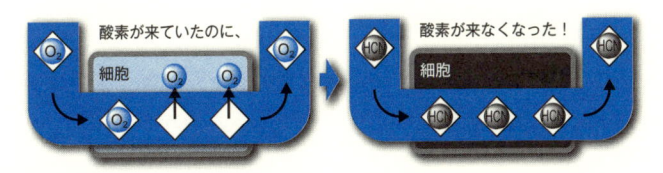

いつもは酸素を運んでいるのだが、

青酸と結合してしまうと、酸素を運べなくなる。

酸素が来ていたのに、　　　酸素が来なくなった！

赤血球中にあるタンパク質、ヘモグロビンにはヘムと呼ばれる分子が含まれており、これが酸素運搬をする。ところが、青酸 HCN や一酸化炭素 CO はヘムと強力に結合し、ヘムが酸素と結合することができないようにしてしまう。そのためヘムは酸素運搬能力を失うので、細胞は窒息してしまう。

8.2 ヒ素とは何か

　ヒ素（元素記号 As）は窒素やリンの仲間の元素である。ヒ素には灰色の金属ヒ素と黄色ヒ素の2種類がある。このように単一の元素でできていながら性質の異なるものを互いに同素体という。

　同素体としては、酸素分子（O_2）とオゾン分子（O_3）や、黒鉛とダイヤモンド（ともに炭素）などがよく知られている。炭素についてはその後、C_{60}フラーレンやカーボンナノチューブなど、現代化学の寵児のような分子が発見されている（図8.2a）。

A. 毒性

　ヒ素は単体、化合物に限らずすべて毒性であるが、中でも「三酸化二砒素」（一般名亜ヒ酸）は毒性が強いことで有名である。江戸時代の殺鼠剤として「石見銀山ネズミ捕り」が有名である。亜ヒ酸は現在も「シロアリ駆除」に用いられている。

　亜ヒ酸は無色無味無臭であり、水に溶けるので飲食物に混ぜられると検出はむずかしい。そのため、古来暗殺に頻繁に用いられてきた。致死量は60mg（0.06g）といわれている。ヒ素は体内に入ると排出されずに体内に蓄積される。その結果、蓄積量が致死量に達した時点で命を失う（図8.2b）。

B. 暗殺事件

　ルネッサンス時代にボルジア家のチェーザレ・ボルジアを中心にした毒物政治は歴史小説の話題になっている通りである。また、真偽は論争中であるが、かのナポレオン・ボナパルトもヒ素によって暗殺されたとの説がある。日本でも1955年に起こった森永ヒ素ミルク事件や、1998年和歌山県で起こったヒ素カレー事件などがある。

図8.2a 炭素の同素体

●ダイヤモンド　　●黒鉛　　●C₆₀フラーレン

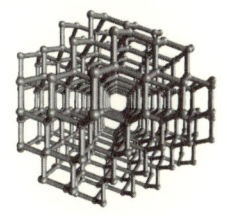

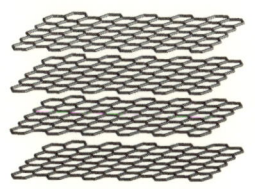

●カーボンナノチューブ

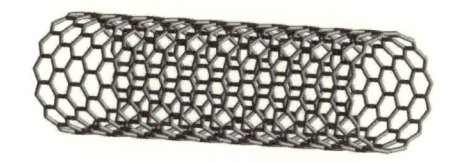

画像／佐藤健太郎・著『有機化学美術館へようこそ』（技術評論社）より転載

図8.2b ヒ素の毒性と蓄積

古来暗殺のための毒として有名であり、洋の東西を問わず多くの要人が暗殺されたものと思われる。

ヒ素化合物
（亜ヒ酸 AsO_3 など）

猛毒
- ねずみ取り、シロアリ退治
- 無色無味無臭、水溶性
- 経口致死量： ～60mg

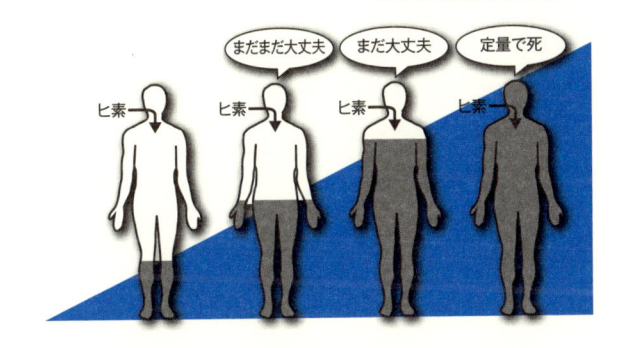

まだまだ大丈夫　まだ大丈夫　定量で死

ヒ素　ヒ素　ヒ素　ヒ素

8.3 有害な重金属とは何か

　地球上に安定に存在する元素は約90種類である。そのうち常温常圧で気体の元素は11種（H、N、O、F、Cl、He、Ne、Ar、Kr、Xe、Rn）であり、気体でない非金属元素が8種類（B、C、Si、P、S、Se、Br、I、At）ある。その他に金属と非金属の間といわれる元素が4種類（Si、Ge、As、Te）あり、その他の約70種類は金属である。いかに金属元素が多いかがわかる（図8.3a）。

A. 重金属

　金属元素は比重がおおむね4ないし5より小さい「軽金属」と、それより大きい「重金属」に分けられる。軽金属はアルカリ金属、アルカリ土類金属、アルミニウム（比重2.7）、チタン（4.5）などであり、それ以外は重金属である。

　特に比重の大きいものとして白金（21.45）、金（19.3）、タングステン（19.3）、ウラン（19.05）、水銀（13.6）、鉛（11.34）、銀（10.49）、などがあり、その他の主な金属の比重は、銅（8.92）、ニッケル（8.85）、鉄（7.86）、スズ（7.28）、亜鉛（7.1）などである（図8.3b）。

　重金属には鉄や銅のように現代文明を根底から支えるものがあり、白金やパラジウムのように「触媒」として欠かせないものがあり、また希土類元素のように現代IT文明に欠かせないものもある。

B. 毒性

　一方、重金属には有害なものがあり、水銀、鉛、タリウム（8.4節参照）などは強い毒性で知られた金属である。一般に重金属は体内に入ると排出されにくく、体内に蓄積されて慢性症状を示し、その量が一定量になった時点で生命を脅かす。そのため、タリウムなどは昔から暗殺などの手段として利用されてきたほどである。慢性

重金属中毒の場合には、重金属が毛髪や爪に特に濃厚に蓄積されることから、これらの部位が検出に利用される。

図8.3a 金属元素と非金属元素

原子番号 元素記号 / 元素名 / 原子量

非金属　重金属　軽金属　超ウラン元素

族＼周期	1	2	3	4	5	6	7	8	9	10	11	12	13	14	15	16	17	18
1	1 H 水素 1.008																	2 He ヘリウム 4.003
2	3 Li リチウム 6.941*	4 Be ベリリウム 9.012											5 B ホウ素 10.81	6 C 炭素 12.01	7 N 窒素 14.01	8 O 酸素 16	9 F フッ素 19	10 Ne ネオン 20.18
3	11 Na ナトリウム 22.99	12 Mg マグネシウム 24.31											13 Al アルミニウム 26.98	14 Si ケイ素 28.09	15 P リン 30.97	16 S 硫黄 32.07	17 Cl 塩素 35.45	18 Ar アルゴン 39.95
4	19 K カリウム 39.1	20 Ca カルシウム 40.08	21 Sc スカンジウム 44.96	22 Ti チタン 47.88	23 V バナジウム 50.94	24 Cr クロム 52	25 Mn マンガン 54.94	26 Fe 鉄 55.85	27 Co コバルト 58.93	28 Ni ニッケル 58.69	29 Cu 銅 63.55	30 Zn 亜鉛 65.39**	31 Ga ガリウム 69.72	32 Ge ゲルマニウム 72.61	33 As ヒ素 74.92	34 Se セレン 78.96*	35 Br 臭素 79.9	36 Kr クリプトン 83.8
5	37 Rb ルビジウム 85.47	38 Sr ストロンチウム 87.62	39 Y イットリウム 88.91	40 Zr ジルコニウム 91.22	41 Nb ニオブ 92.91	42 Mo モリブデン 95.94	43 Tc テクネチウム (99)	44 Ru ルテニウム 101.1	45 Rh ロジウム 102.9	46 Pd パラジウム 106.4	47 Ag 銀 107.9	48 Cd カドミウム 112.4	49 In インジウム 114.8	50 Sn スズ 118.7	51 Sb アンチモン 121.8	52 Te テルル 127.6	53 I ヨウ素 126.9	54 Xe キセノン 131.3
6	55 Cs セシウム 132.9	56 Ba バリウム 137.3	ランタノイド	72 Hf ハフニウム 178.5	73 Ta タンタル 180.9	74 W タングステン 183.8	75 Re レニウム 186.2	76 Os オスミウム 190.2	77 Ir イリジウム 192.2	78 Pt 白金 195.1	79 Au 金 197	80 Hg 水銀 200.6	81 Tl タリウム 204.4	82 Pb 鉛 207.2	83 Bi ビスマス 209	84 Po ポロニウム (210)	85 At アスタチン (210)	86 Rn ラドン (222)
7	87 Fr フランシウム (223)	88 Ra ラジウム (226)	アクチノイド															

ランタノイド	57 La ランタン 138.9	58 Ce セリウム 140.1	59 Pr プラセオジム 140.9	60 Nd ネオジム 144.2	61 Pm プロメチウム (145)	62 Sm サマリウム 150.4	63 Eu ユウロピウム 152	64 Gd ガドリニウム 157.3	65 Tb テルビウム 158.9	66 Dy ジスプロシウム 162.5	67 Ho ホルミウム 164.9	68 Er エルビウム 167.3	69 Tm ツリウム 168.9	70 Yb イッテルビウム 173	71 Lu ルテチウム 175
アクチノイド	89 Ac アクチニウム (227)	90 Th トリウム 232	91 Pa プロトアクチニウム 231	92 U ウラン 238	93 Np ネプツニウム (237)	94 Pu プルトニウム (239)	95 Am アメリシウム (243)	96 Cm キュリウム (247)	97 Bk バークリウム (247)	98 Cf カリホルニウム (252)	99 Es アインスタイニウム (252)	100 Fm フェルミウム (257)	101 Md メンデレビウム (256)	102 No ノーベリウム (259)	103 Lr ローレンシウム (260)

非金属は周期表の右上に固まっている。また軽金属は左の典型金属元素に多い。遷移金属元素はほとんどすべてが重金属である。

図8.3b 金属の比重と用途

●金属の比重ランキング

白金 ＞ 金 ＞ タングステン ＞ ウラン ＞ 水銀 ＞ パラジウム
21.45　19.3　19.3　19.01　13.6　12.02
＞タリウム ＞ 鉛 ＞ 銀 ＞ 銅 ＞ ニッケル ＞ 鉄
11.85　11.34　10.47　8.92　8.85　7.86

●重金属の用途と性質

構造材：　鉄、銅
貴金属：　金、銀、白金
触媒：　白金、パラジウム
毒性：　水銀、タリウム、カドミウム

日常的に使われる金属はアルミニウムを除けばほとんどすべて重金属である。金と鉄の比重を比べるといかに金が重いかがわかる。

8.4 タリウム、ポロニウムとは何か

　タリウムとポロニウムは有毒金属として最近有名になったものである。どのような金属なのだろうか。

A. タリウム（元素記号 Tl、原子番号 81）

　タリウムとはギリシア語で「若い芽」という意味である。これは、炎色反応で若芽のような緑色を示すことからつけられた。

　タリウムは合金に用いると耐腐食性が強くなる。ある種の化合物は赤外線に対して感光性をもつので軍需用に使われる。酢酸タリウムや硫酸タリウムは、殺鼠剤やシロアリ退治、細菌の培養地の消毒にも使われるため、医学部や生物学部では身近な薬品である。

　酢酸タリウム（$(CH_3CO_2)_2Tl$）は 25g が 2900 円ほどであり、毒物ではあるが印鑑と身分証明書があれば薬局で買うことができる。致死量は硫酸タリウムで 1g である。

○事件

　タリウムを有名にしたのはその殺人への使用であろう。1971 年にイギリスで起きたグレアム・ヤング事件では少なくとも 4 人が犠牲になった。日本でも 1979 年に福岡大学病院で 2 人が被害に遭い一命は取り留めたが、1991 年には東大医学部で 1 人が犠牲になり、2005 年には女子高生が母親に飲ませる事件も起きている。

　酢酸タリウムは無色無臭の水溶性で、飲食物に混ぜるのが容易である。タリウム中毒の特徴は、被害者が四肢のジンジン感を訴えることと脱毛である。しかし、致死量を一気に摂取するとこのような症状が出る間もなく死に至るので、死因の特定は容易ではなく、多くの場合は病死としてあつかわれているのではないかと懸念される。

B. ポロニウム（元素記号 Po、原子番号 84）

図8.4　ポロニウムの半減期

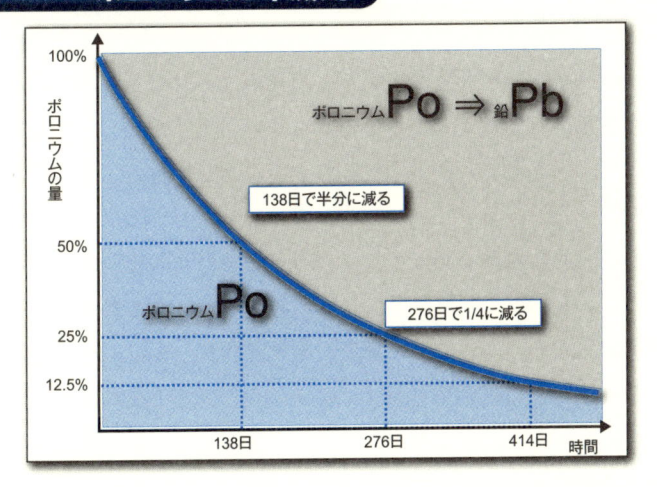

```
100%
ポロニウムの量
                      ポロニウム Po ⇒ 鉛 Pb
            138日で半分に減る
50%
      ポロニウム Po
                            276日で1/4に減る
25%
12.5%
          138日      276日      414日   時間
```

　ポロニウムはキュリー婦人によって発見された、放射性の白色の柔らかい金属である。埋蔵量が少なく非常に希少な金属である。研究で使用するポロニウムは原子炉で作られたものを用いるので、その値段はあって無きがごときものとなる。

○事件

　決して一般的な物質ではないが、2006年にイギリスでロシア人亡命者の暗殺に使われたことから有名になった。致死量は5ナノグラム（10億分の5g）という極めて少ない量であるが、その値段は50億円ともいわれ、この犯罪には国家権力の影がちらつく。

　ポロニウムが発生するα線は。人体に対するダメージは強いが遮蔽（さえぎる）しやすく、薄い鉛の板で防げるので、運搬は容易である。放射線を発生したポロニウムは鉛に変化する。ポロニウムの半減期（量が半分になる時間）は138日と短く、138日で1/2、276日で1/4になってしまうため、長期間は保存できない（図8.4）。

8.5 フグ毒とは何か

　最近はフグが危険な食品であるとの認識は薄れつつある。しかし、フグが毒を持っていることはまぎれもない事実であり、素人がフグを調理しようなどという気は起こさないことである。

A. フグ

　最も一般的な食材であるトラフグやシロサバフグは「身」に毒はない。しかし、ドクサバフグは全身に毒があり、ある種のハコフグは無毒であるという。ここでも素人判断は危険である（図8.5a）。

　しかし、内臓に毒があるはずのトラフグでも、「養殖」ものには毒がないという。このことからフグは自分で毒をつくるのではなく、食物中の毒を溜め込んでいることがわかった。「紅藻類」の作った毒をプランクトンが食べ、それを貝類が食べ、という具合に食物連鎖を通じてフグにいたるものである。養殖フグの場合には餌に毒がないので貯め込みようがなかったということである。

B. テトロドトキシン

　フグ毒は「テトロドトキシン」であり（図8.5b）、由来はテトラ＋オドン＋トキシンである。トキシンは毒の意味である。テトラはラテン語で「4」の意味である。ではオドンはなにか？　「歯」である。「4枚の歯の毒」。こう聞いて納得する人は魚に詳しい人である。フグは上顎に2枚、下顎に2枚、合計4枚の歯がある（図8.5c）。鋭く丈夫な歯で、太いテグスもプッツリといく。この歯で互いに攻撃しあうのが養殖業者の悩みの種であるともいう。

　猛毒を持つはずのトラフグの卵巣を食べる地方がある。石川県能登地方では卵巣を半年ほど塩漬けし、塩出しをしたのち糠漬けにして食用にする。土産物として市販されている。珍味である。

図8.5a 食材としても一般的なトラフグ

図8.5b フグ毒の構造

LD_{50}（半数致死量）
0.01mg/1kg

テトロドトキシン

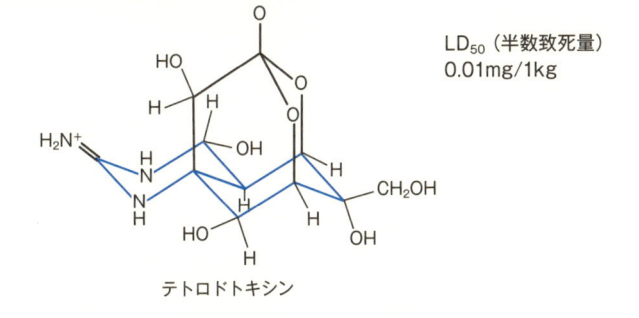

図8.5c テトロドトキシンの由来

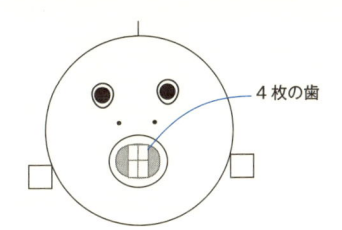

4枚の歯

フグ毒は、フグが体内に取り入れた細菌が合成している可能性もあり、まだ明確でない部分がある。テトロドトキシンの名前はフグの歯に由来する。

8.6 有機塩素化合物とは何か

塩素を含む有機化合物を有機塩素化合物という。

A. 有機塩素化合物

有機塩素化合物は歴史的にも人類とのつながりが深く、かつて大量に使用されたものに殺虫剤としての「DDT」「BHC」などがある。また、公害物質の代名詞のようにいわれる「PCB」(ポリ塩化ビフェニル)、「PCBF」(ポリ塩化ベンゾフラン)、「ダイオキシン」も有機塩素化合物であり、精密電子部品の洗浄やドライクリーニングに用いられる「トリクロロエチレン」などもそうである。さらには、オゾンホールの原因物質である「フロン」もフッ素とともに塩素を含んでいる (図8.6)。

B. 毒性

有機塩素化合物には、殺虫剤やダイオキシンで代表されるように、毒性を持つものがある。しかも化学的に安定なため、一度環境に放出されると永く環境にとどまり、害をおよぼし続ける。また、塩ビのように環境に大量に存在するものは、燃焼によってダイオキシンを発生する可能性もある。

農場や家庭で殺虫剤として使われたDDTやBHCは、分解されないまま環境にとどまる。それらはやがて水に流され、川に入り、海にたどり着く。海水の量は膨大なため、海水中のDDTやPCBの濃度は非常に小さい。しかし、これらはプランクトンの中に蓄積され、それを餌とするイワシに蓄積され、さらにそれを餌とする大型魚に蓄積され、というように「食物連鎖」を通して濃縮され続け、海水中の濃度とは比較にならない高濃度になって人間にたどりつく (表8.6)。そのため、現在でも母乳からDDTやBHCが検出される。

図8.6 有機塩素化合物のいろいろ

DDT
(LD_{50}=113mg/kg)

BHC
(LD_{50}=90mg/kg)

ヘキサクロロベンゼン
（防虫剤）

$x+y = 1 \sim 8$
ダイオキシン

$x+y = 1 \sim 8$
PCBF

$x+y = 1 \sim 10$
PCB

トリクロロエチレン

クロロホルム

フロン11

塩素を含むものは有害なだけでなく、分解されにくいため、いつまでも環境に留まり続ける。

表8.6 生物濃縮

	PCB		DDT	
	濃度(ppb)	濃縮率(倍)	濃度(ppb)	濃縮率(倍)
表層水	0.00028	—	0.00014	—
動物プランクトン	1.8	6 400	1.7	12 000
ハダカイワシ	48	170 000	43	310 000
スルメイカ	68	240 000	22	160 000
スジイルカ	3 700	13 000 000	5 200	37 000 000

出典：立川涼「水質汚濁研究 11, 12」(1988)

8 危険物の化学

8.7 ダイオキシンとは何か

　1970年代のベトナム戦争で、ジャングルから出没するベトナム軍に手を焼いた米軍は、ベトナムのジャングルを丸裸にするという無謀な作戦にでた。枯葉作戦というこの作戦はジャングル全体に大量の「除草剤」を散布するものであった。

A. 除草剤

　除草剤としては「2,4-D」(2,4-ジクロロフェノキシ酢酸)、「2,4,5-T」(2,4,5-トリクロロフェノキシ酢酸) などが用いられた (図8.7a)。これらの除草剤は植物成長ホルモンと類似の働きをするが、成長にバランスを欠くため、植物は結果的に枯死するのである。

　ところが、除草剤を撒いた地域から、普通より高い頻度で奇形児が発生しているとの調査結果が出た。調べたところ、除草剤に副生成物として混じっているダイオキシンの毒性によるものとの指摘が出て、ダイオキシンの毒性が注目されるにいたった。

B. 毒性

　ダイオキシンは塩素を持った (置換した) ベンゼン環が2個、酸素を介して結合しているものであり、塩素置換ベンゼン環をもつ点で除草剤に構造が似ている。その後、ダイオキシンは塩素を含む有機物が低温で燃焼するときにも発生することがわかった。

　ダイオキシンにはいろいろの類似体があり、その毒性は塩素の個数と配置によって異なる。最も毒性が強いといわれるのは2、3、7、8位という対称の位置に4個の塩素をもったものであるが、無毒のものもある (図8.7b)。現在ではダイオキシンだけでなく、ダイオキシンより酸素が1個少ない「PCBF」(ポリ塩化ベンゾフラン) も毒性をもつことが指摘されている。

図8.7a ダイオキシンの構造

2,4-D 2,4,5-T

x+y = 1〜8

ダイオキシンは除草剤の 2,4-D、2,4,5-T に混ざる不純物として見つかった。

図8.7b 毒性等価係数と致死量

ダイオキシン	毒性等価係数
2,3,7,8-tetra-CDF	0.1
1,2,3,7,8-penta-CDD	0.5
1,2,3,4,7,8-hexa-CDD	0.1
1,2,3,4,6,7,8-hepta-CDD	0.01
1,2,3,4,6,7,8,9-octa-CDD	0.001
上記以外のCDD	0

100体の検体それぞれに少しずつ毒物を与えるとしよう。たとえば1体に1mgずつ与えても何も反応は起こらない。ところが10mgずつ与えたところ、50体の検体、すなわち半数の検体が死んだとしよう。このときの投薬量を50%致死量、あるいは半数致死量（LD_{50}）という。半数致死量は体重1kg当たりで表されることが多い。半数致死量の少ないものほど強毒である。

ダイオキシンの等価致死量は、毒性最強の誘導体の毒性の強さを1としたとき、ほかの誘導体の毒性はどれくらいになるかを定性的に表した数値である。

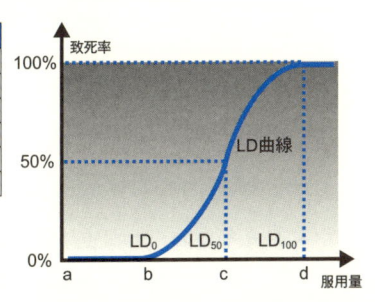

名称	LD_{50} (mg/kg)	種類
硫酸タリウム	3	鉱物毒
亜ヒ酸	1.4	鉱物毒
青酸カリ	1.0	鉱物毒
ニコチン	1.0	タバコ
ストリキニーネ	0.96	マラリヤ治療薬
コブラ毒	0.64	ヘビ毒
サリン	0.42	兵器
アコニチン	0.12	トリカブト
ウミヘビ毒	0.10	ヘビ毒
ダイオキシン	0.022	塩素化合物
VX	0.015	兵器
テトロドトキシン	0.010	フグ毒
パリトキシン	0.0005	魚毒
リシン	0.0001	トウゴマの種子
テタヌストキシン	0.0000	破傷風菌毒素
ボツリヌストキシン	0.0000003	ボツリヌス菌毒素

8.8 PCBとは何か

　PCB（ポリ塩化ビフェニル）は、1968年に西日本一帯に起こった皮膚病、カネミ油症事件の原因物質である。

A. PCB

　PCBは自然界には存在せず、人工的に作り出された物質であり、有機塩素化合物の一種である。塩素の個数によって粘度を調整することができる。絶縁性にすぐれ、かつ耐熱性、耐薬品性にすぐれるなど極めて安定な物質である。このためPCBは、あらゆるタイプの変圧器のトランスオイル、印刷インキ、熱媒体、さらには複写紙のマイクロセルにと、多方面にわたって大量に使われた（図8.8a）。そのため、当時は夢の化合物といわれたほどである。

B. 毒性

　PCBの毒性はPCBそのものでなく、製造過程で副産物として生成したダイオキシンやPCBF（ポリ塩化ベンゾフラン）によるとの説もある。これらの構造は酸素の有無を除けば共に塩素の置換したベンゼン環を持っており、類似性はある。さらに、PCBのうち、両ベンゼン環が同一平面になることのできる共平面PCB（co-PCB）が毒性を持つとの説もある。図8.7bに示したように、ダイオキシンやPCBFはco-PCBの一種とみなすことも可能である。それに対してベンゼン環の結合位置の近くに塩素を持つものは体積の大きい塩素原子が邪魔をして共平面になることができない。

　PCBは1972年に使用禁止となり、大量に回収、保管された。しかし、「安定」ということは「分解困難」ということでもある。回収指示が出てから40年近くたつ現在でもPCBの実用的な分解法はなく、大量のPCBが分解される日を待って保管されている。

図8.8a PCBの用途

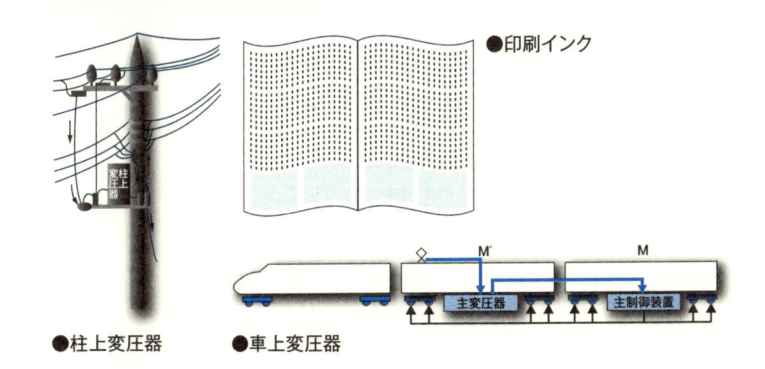

- 印刷インク
- 柱上変圧器
- 車上変圧器

図8.8b PCBの構造と共平面PCB

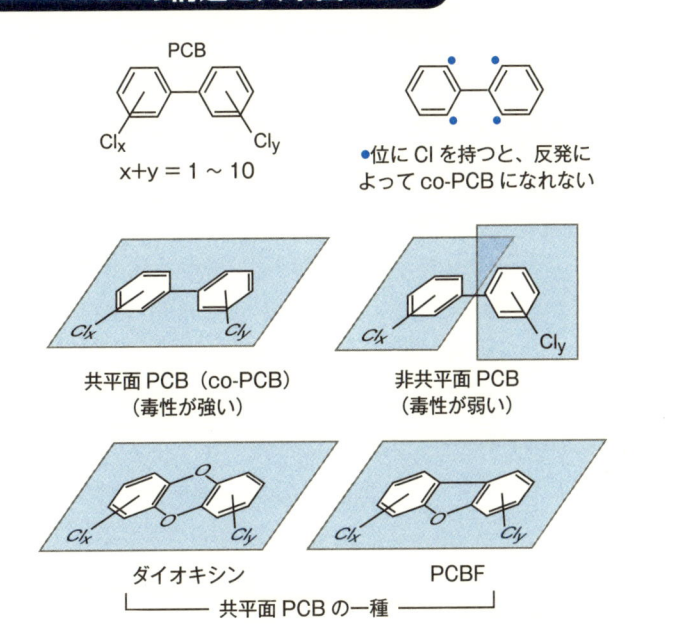

PCB

$x+y = 1 \sim 10$

・位に Cl を持つと、反発によって co-PCB になれない

共平面 PCB（co-PCB）
（毒性が強い）

非共平面 PCB
（毒性が弱い）

ダイオキシン　　PCBF
└── 共平面 PCB の一種 ──┘

8.9 爆薬とは何か

　一瞬のうちに大量のエネルギーを放出するものを爆薬という。

A. 古典的爆薬

　爆薬のうち最も有名なのは「ニトログリセリン」と「トリニトロトルエン」TNTであろう。TNTは、トルエンに濃硫酸存在下で硝酸を作用させることによって合成する（図8.9a）。

　TNTは黄色の結晶（粉末）で安定であるが、衝撃を与えると爆発を起こす。その爆発力は爆薬一般の基準になっている。「原子爆弾」の大きさを「メガトン」で表わすが、これは爆発力がTNT何メガトン（10^6t, 百万トン）に相当するかを表わしたものである（図8.9b）。

　爆薬のイメージは戦争やテロと重なるが、土木工事や鉱業に欠かせないものでもある。爆薬なしにスエズ運河やパナマ運河をつくれといっても無理というものだ。それだけに爆薬の研究は過去も現在も続けられ、TNTよりすぐれた爆薬がいくつも開発されている。

B. 新型爆薬

　現在、最も強力な爆薬はHNHAIWであり、1g当たりの爆発力はTNTの2.8倍ほどある。HNHAIWは実用化に向けて量産が検討されているという。それとほぼ同程度のものにHNBがある。理論的に最強であろうと考えられているのはTNTHであり、これはTNTの4倍程度の爆発力をもつと推定されている（図8.9c）。

　いずれにしろ、すべての爆薬は「ニトロ基」をもっている。すなわち、高いひずみエネルギーをもち、分子量に占めるニトロ基の部分分子量の高いものが高能力爆薬であるようである。爆発を高速度で進行する燃焼反応と考えれば、分子内に酸素原子を大量にもつことは必須条件であり、ニトロ基はそれをよく満たすものである。

図8.9a TNTの合成

トルエン →[H_2SO_4/HNO_3]→ トリニトロトルエン（TNT）

図8.9b 爆薬の標準

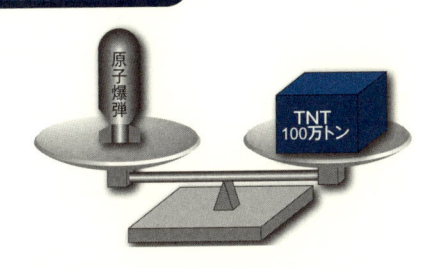

広島に投下された原爆の爆発力は15キロトンといわれている。これは15ktすなわち1万5000トン相当である。小型原爆で、メガトンには達していなかったのである。

図8.9c いろいろな爆薬の構造

ニトログリセリン

ヘキサニトロベンゼン（HNB）
● 爆発力: TNT×2.8倍

ヘキサニトロヘキサアザイソウルジタン（HNHAIW）
● 爆発力: TNT×2.8倍

テトラニトロテトラヘドロン（TNTH）
● 爆発力: TNT×4倍

8.10 ニトログリセリンとは何か

　TNTと並んで爆薬の典型となっているのはニトログリセリンである。ニトログリセリンは「グリセリン」を「硫酸」と「硝酸」でニトロ化することで得られる。原料のグリセリンは油（天ぷら油、魚油など）を加水分解することによって得られる（図8.10a、b）。

A. ダイナマイト

　このように簡単につくることができながら、爆発力の大きさはTNTの1.6倍ほどもあるというすぐれものである。しかし、欠点がある。無色透明な液体であり（比重1.6）、極めて不安定で、爆発しやすいことである。このため、実用的な大量運搬が不可能であり、爆発力は大きいものの実用的な爆薬ではなかった。

　このニトログリセリンを使いやすく製品化したのがアルフレッド・ノーベルであり、製品が「ダイナマイト」である。ダイナマイトはニトログリセリンを「珪藻土」に吸着させたものであるが、この操作によって信管で点火しなければ爆発しないほど安定となり、しかも爆発力は大きいままであった。ダイナマイトによって巨万の富を築いたノーベルが、開設したのが「ノーベル賞」である。

B. 薬剤

　ニトログリセリンは血管を拡張する働きがあるので、「心筋梗塞」の特効薬として欠かせない薬剤となっている。ニトログリセリンのこの効果が発見されたのもダイナマイト（ノーベル？）のおかげである。すなわち、ダイナマイト製造工場に勤める工員の中に心筋梗塞の持病を持っているものがいた。彼は自宅では時折発作を起こしたが、工場で起こしたことは一度もなかったという。このようなことから心筋梗塞とニトログリセリンの関係が発見されたのだという。

図8.10a 油脂とグリセリン

$$\begin{array}{c} CH_2\text{-}O\text{-}\overset{\overset{O}{\|}}{C}\text{-}R \\ CH\text{-}O\text{-}\overset{\overset{O}{\|}}{C}\text{-}R' \\ CH_2\text{-}O\text{-}\overset{\overset{O}{\|}}{C}\text{-}R'' \end{array} \xrightarrow{3H_2O} \begin{array}{c} CH_2\text{-}OH \\ CH\text{-}OH \\ CH_2\text{-}OH \end{array} + \left\{ \begin{array}{c} R\text{-}CO_2H \\ R'\text{-}CO_2H \\ R''\text{-}CO_2H \end{array} \right.$$

油脂 　　　　　　　　　グリセリン　　脂肪酸

図8.10b ニトログリセリン

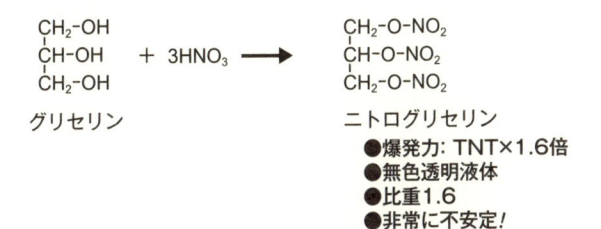

$$\begin{array}{c} CH_2\text{-}OH \\ CH\text{-}OH \\ CH_2\text{-}OH \end{array} + 3HNO_3 \longrightarrow \begin{array}{c} CH_2\text{-}O\text{-}NO_2 \\ CH\text{-}O\text{-}NO_2 \\ CH_2\text{-}O\text{-}NO_2 \end{array}$$

グリセリン　　　　　　　　　　ニトログリセリン
- 爆発力: TNT×1.6倍
- 無色透明液体
- 比重1.6
- 非常に不安定！

図8.10c ダイナマイトとノーベル

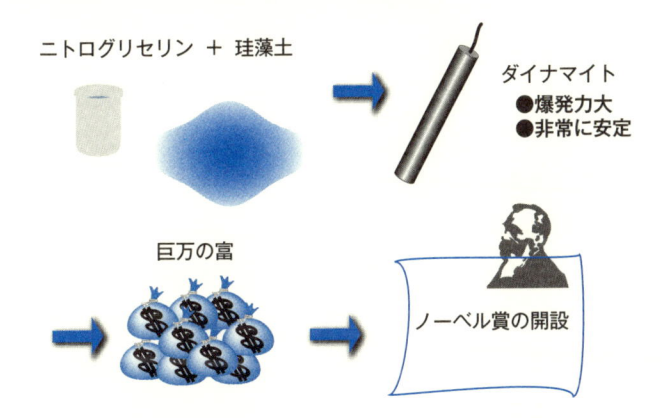

ニトログリセリン ＋ 珪藻土 → ダイナマイト
- 爆発力大
- 非常に安定

巨万の富 → ノーベル賞の開設

8 危険物の化学

8.11 プラスチック爆弾とは何か

　プラスチックとは「可塑性」の物質であり、粘土のように自由に形を変えることのできるものを指す。プラスチック爆弾はまさしくプラスチックのように自由に変形させることができ、しかも強力な爆発力を持つものである。

A. 製法

　プラスチック爆弾は「トリニトロトルエン」TNT や「ニトログリセリン」のような単一の化学物質ではなく、何種類かの爆薬を混合したものである。プラスチック爆弾には何種類かあるが、典型的なものとしてC-4（シーフォー）と呼ばれるものがある（図8.11）。

　これは、①ニトロトルエン、②ジニトロトルエン、③トリニトロトルエン、④オクトーゲン、⑤ワックスなどを混ぜた油状物を主成分である⑥ヘキソーゲンに混ぜたものであり、割合はヘキソーゲンが90%を占めるが、混合割合に応じて柔らかいものも固いものも自在につくることができるという。ちなみに原料は⑤のワックスを除いてすべて強燃焼性もしくは爆発性である。

B. 特性

　プラスチック爆弾は大きな爆発力にも関わらず非常に安定であり、振動、引火などで爆発することはほとんどない。不要になった場合には火をつけると爆発せずに燃焼してしまう。爆発させるためには信管を用いなければならない。

　プラスチック爆弾は第二次大戦中にアメリカ軍が開発し、戦場で敵などの構築物を破解するために用いたのが最初である。ただし最近では各種テロ行為、あるいは自爆テロに用いる爆薬として有名になっているようである。

図8.11 プラスチック爆弾の原料と作製

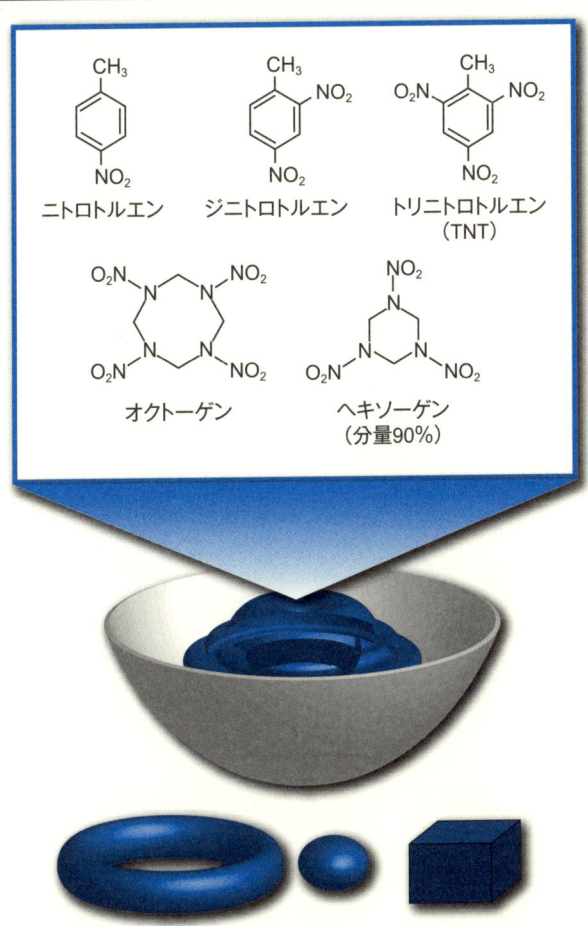

ニトロトルエン　　ジニトロトルエン　　トリニトロトルエン
　　　　　　　　　　　　　　　　　　　　（TNT）

オクトーゲン　　ヘキソーゲン
　　　　　　　（分量90%）

形態は自由 ⇒ 爆弾の仕様に合わせられる

TNTやニトログリセリンは化学的に単一な物質である。しかし、プラスチック爆弾は混合物である。TNTのような粉末（結晶）爆薬をニトログリセリンのような液体爆薬で練り固めれば、小麦粉からウドンができるように、塑性のある物質（プラスチック）ができる。これがプラスチック爆弾である。

8.12 液体爆弾とは何か

　2007年3月1日より国際線の航空機には100mL以上の液体は持ち込み禁止となった。テロリストが液体爆弾を持ち込むのを阻止するためという。

A. 液体爆弾

　液体爆弾には2種類が考えられる。一つは液体の「爆薬」を用いたものであり、もう一つは本来なら固体の爆薬を「溶媒」に溶かして液体（溶液）にしたものである。

　爆薬は多くの種類が研究開発されているが、鉱業や土木工事に使う爆薬に液体である必要はない。むしろ「液体爆薬」は不安定で取り扱いに困難である。したがって液体のものは極めて少数である。実用的なものは「ニトログリセリン」と「ニトログリコール」である。ニトログリコールはニトログリセリンより爆発力が大きく、ニトログリセリンと混ぜてダイナマイトに使われている（図8.12a）。

B. 溶液爆弾

　テロリストが使うのは固体爆薬を溶かした「溶液爆弾」のようである。その中でもよく使われるのが「アセトン誘導体」である。これの製造は極めて簡単である。溶剤として簡単に手に入るアセトンに、これまた入手容易なある種の液体を混ぜるだけである。台所でカフェオレでもつくる要領で2種の液体を混ぜるだけでできるので「厨房爆弾」ともいわれる（図8.12b）。

　アセトン誘導体は結晶性がよく、製造中に部分的に結晶ができ、それが摩擦などで発火して予期せぬ爆発を起こすこともあるという。アセトンとある種の液体を混ぜただけではアセトン誘導体の水溶液であるが、適当な信管を用いれば爆発させることは容易だという。

図8.12a 液体の爆薬

$$\begin{matrix}CH_2\text{-}OH\\ CH_2\text{-}OH\end{matrix} + 2HNO_3 \longrightarrow \begin{matrix}CH_2\text{-}O\text{-}NO_2\\ CH_2\text{-}O\text{-}NO_2\end{matrix}$$

エチレングリコール
（不凍液の材料）

ニトログリコール
● 無色透明液体
● 比重＝1.49

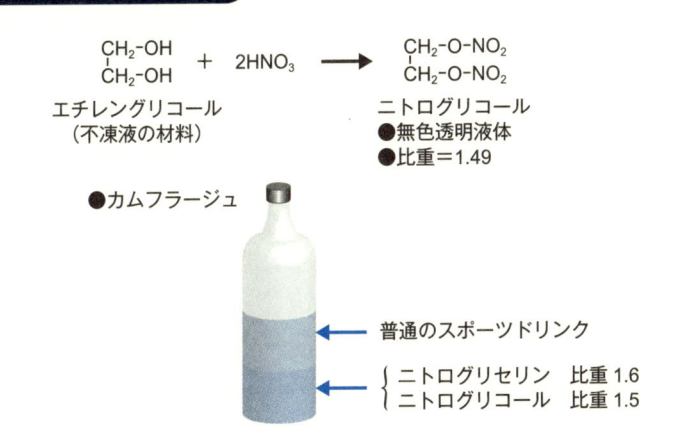

● カムフラージュ

← 普通のスポーツドリンク

← ニトログリセリン　比重 1.6
　ニトログリコール　比重 1.5

ニトログリセリンやニトログリコールは液体の爆薬であり、液体爆薬と呼ばれるに相応しい。しかし、一般に液体爆弾といわれるのは結晶性爆薬の水溶液のことである。

図8.12b 厨房爆弾こと液体爆弾

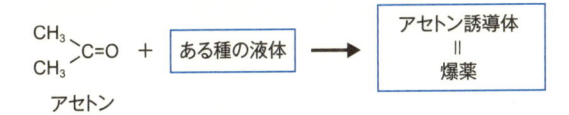

$$\begin{matrix}CH_3\\ CH_3\end{matrix}\!\!>\!\!C\!=\!O + \boxed{ある種の液体} \longrightarrow \boxed{\begin{matrix}アセトン誘導体\\ =\\ 爆薬\end{matrix}}$$

アセトン

コーヒー　　　　ミルク

カフェオレ

アセトン　　　ある種の液体

液体爆弾

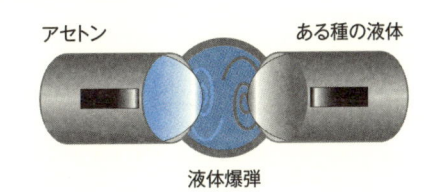

COLUMN 08

毒の種類

　どのような食物も、大量に摂れば健康を害する。小量で健康を害し、時には命を奪うものを毒という。毒は自然界のあらゆるところに存在し、トリカブトなどの植物毒、フグ毒などの動物毒、ヒ素などの鉱物毒などに分類される。

　毒には強いものも弱いものもあるが、毒の強弱を表す指標に半数致死量LD_{50}がある。LD_{50}は、多くの検体の1体ごとにその量を与えると、検体の半数が死んでしまうという量である。LD_{50}は体重1kg当たりで表されるので、体重50kgの人は50倍して考える必要がある。LD_{50}が小さいほど強力な毒ということになる。

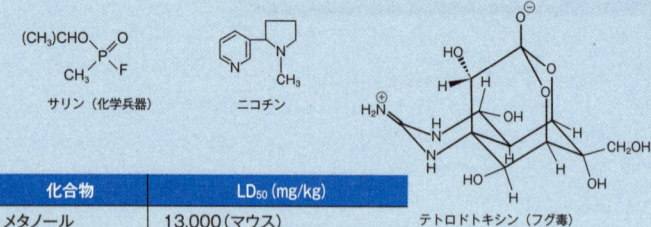

サリン（化学兵器）

ニコチン

テトロドトキシン（フグ毒）

化合物	LD_{50} (mg/kg)
メタノール	13,000（マウス）
エタノール	7,000（マウス）
ベンゼン	3,800
シアン化カリウム	3
ニコチン	1
サリン	0.42
テトロドトキシン	0.01
破傷風毒素	0.000002
ボツリヌス毒素	0.0000003

著者紹介

◎齋藤勝裕（さいとう・かつひろ）

1945年新潟県生まれ。東北大学理学部卒。東北大学大学院理学研究科博士課程修了。2009年4月1日より、名古屋市立大学特任教授、名古屋産業科学研究所上席研究員。理学博士。専攻は有機化学、物理化学。超分子の研究に取り組む。著書に、『勉強したい人のための 有機化学のきほん』（日本実業出版社）、『絶対わかる化学シリーズ』（全16冊）（講談社）、『わかる化学シリーズ』（全10冊）（東京化学同人）、『分子のはたらきがわかる10話』（岩波ジュニア新書）、『数学いらずの分子軌道論』（化学同人）、『毒と薬のひみつ』（ソフトバンククリエイティブ）、『図解雑学 有機ELと最新ディスプレイ技術』（ナツメ社）など多数。

知りたい！サイエンス

気になる化学の基礎知識
―身近に化学はあふれている―

2009年 6月 1日 初版 第1刷発行

著　者　齋藤　勝裕
発行者　片岡　巌
発行所　株式会社技術評論社
　　　　東京都新宿区市谷左内町21-13
　　　　電話　03-3513-6150　販売促進部
　　　　　　　03-3267-2270　書籍編集部
印刷・製本　港北出版印刷株式会社

定価はカバーに表示してあります

本書の一部、または全部を著作権法の定める範囲を超え、無断で複写、複製、転載、テープ化、ファイルに落とすことを禁じます。
©2009 Katsuhiro Saito

造本には細心の注意を払っておりますが、万が一、乱丁（ページの乱れ）や落丁（ページの抜け）がございましたら、小社販売促進部までお送りください。送料小社負担にてお取り替えいたします。

ISBN978-4-7741-3764-3 C3043
Printed in Japan

●装丁
中村友和（ROVARIS）

●編集／DTP
株式会社SID